超级思维训练营系列丛书

拿起你的放大镜

NAQI NIDE FANGDAJING

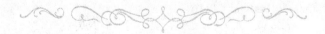

李宏◎编著

信息输入的大通道 ———☆——— 创造思维的起步器

中国出版集团　现代出版社

图书在版编目(CIP)数据

拿起你的放大镜／李宏编著. —北京:现代出版社,
2012.12(2021.8 重印)

(超级思维训练营)

ISBN 978 - 7 - 5143 - 0993 - 5

Ⅰ.①拿… Ⅱ.①李… Ⅲ.①思维训练 - 青年读物②思维
训练 - 少年读物 Ⅳ.①B80 - 49

中国版本图书馆 CIP 数据核字(2012)第 275754 号

作　　者　李　宏
责任编辑　张　晶
出版发行　现代出版社
通讯地址　北京市安定门外安华里 504 号
邮政编码　100011
电　　话　010 - 64267325　64245264(传真)
网　　址　www. xdcbs. com
电子邮箱　xiandai@ cnpitc. com. cn
印　　刷　北京兴星伟业印刷有限公司
开　　本　700mm×1000mm　1/16
印　　张　10
版　　次　2012 年 12 月第 1 版　2021 年 8 月第 3 次印刷
书　　号　ISBN 978 - 7 - 5143 - 0993 - 5
定　　价　29.80 元

前　言

每个孩子的心中都有一座快乐的城堡,每座城堡都需要借助思维来筑造。一套包含多项思维内容的经典图书,无疑是送给孩子最特别的礼物。武装好自己的头脑,穿过一个个巧设的智力暗礁,跨越一个个障碍,在这场思维竞技中,胜利属于思维敏捷的人。

思维具有非凡的魔力,只要你学会运用它,你也可以像爱因斯坦一样聪明和有创造力。美国宇航局大门的铭石上写着一句话:"只要你敢想,就能实现。"世界上绝大多数人都拥有一定的创新天赋,但许多人盲从于习惯,盲从于权威,不愿与众不同,不敢标新立异。从本质上来说,思维不是在获得知识和技能之上再单独培养的一种东西,而是与学生学习知识和技能的过程紧密联系并逐步提高的一种能力。古人曾经说过:"授人以鱼,不如授人以渔。"如果每位教师在每一节课上都能把思维训练作为一个过程性的目标去追求,那么,当学生毕业若干年后,他们也许会忘掉曾经学过的某个概念或某个具体问题的解决方法,但是作为过程的思维教学却能使他们牢牢记住如何去思考问题,如何去解决问题。而且更重要的是,学生在解决问题能力上所获得的发展,能帮助他们通过调查,探索而重构出曾经学过的方法,甚至想出新的方法。

本丛书介绍的创造性思维与推理故事,以多种形式充分调动读者的思维活性,达到触类旁通、快乐学习的目的。本丛书的阅读对象是广大的中小学教师,兼顾家长和学生。为此,本书在篇章结构的安排上力求体现出科学性和系统性,同时采用一些引人入胜的标题,使读者一看到这样的题目就产生去读、去了解其中思维细节的欲望。在思维故事的讲述时,本丛书也尽量使用浅显、生动的语言,让读者体会到它的重要性、可操作性和实用性;以通俗的语言,生动的故事,为我们深度解读思维训练的细节。最后,衷心希望本丛书能让孩子们在知识的世界里快乐地翱翔,帮助他们健康快乐地成长!

目　录

拿起你的放大镜

第四章　蝗虫面面观

第五章　话说含羞草

第六章　"全能"猫

拿起你的放大镜

第十章　人类的好朋友青蛙

第十一章　蛇文化

第十二章　鸭子的悲喜剧

第十三章　天使海豚

第十四章　狠毒的女王——蜘蛛

第十五章　倒挂的蝙蝠

拿起你的放大镜

第一章　蜜蜂嗡嗡叫

六角形蜂巢

　　蜜蜂是一种非常勤劳的昆虫。它们建造的"房子"堪称巧夺天工。

　　蜜蜂的房子叫蜂巢，由几千个巢脾组成，而每个巢脾两面都由几千个巢房连接而成。巢脾是蜂群通过工蜂分泌的蜂蜡黏结而成的，彼此之间紧密连接，所以蜂巢是非常牢固和结实的。而巢房除了居住功能以外，还是蜜蜂不必缺少的"储物柜"和"食品屋"。

　　就像我们住房的有大房间和小房间之分，蜂巢也分为大巢房和小巢房。小巢房是工蜂（不能生育后代的雌蜂）住的，大巢房是给雄蜂住的，而尊贵的蜂王则居住在王台。王台如同皇宫一样，位于小巢房的中间，位置非常优越。

　　如果你仔细观察，就会发现蜂巢结构是呈六角形的。你知道这是为什么吗？

　　蜂巢的这种六角形与蜜蜂的身体结构没有任何关系。蜂巢呈六角形，既可以使蜂巢看起来美观，又可以使蜂巢坚固实用。你可以仔细观察，六角形蜂巢内部有两条你在外面看不到的线，交叉在蜂巢的中

心，这就提高了抗压强度，防止了房底破裂。

18世纪初，法国学者马拉尔奇就曾对此做过相关研究。马拉尔奇对蜂巢的形状、结构和角度进行了一系列测量，发现蜂巢角度的选择非常讲究，不仅可以将材料的用量减少到最少，而且最为坚固且结构合理，所以蜜蜂又被称为"天才的数学家兼设计师"。

不过，蜜蜂蜂巢的神奇之处并不止这些。除了可以储存食物之外，它还可以保护蜂群的安全，使它们免受风吹雨打以及天敌的攻击。此外，还可以作为蜜蜂的卵的卵育巢穴，保证蜂群后代的存活率，让一只只小蜜蜂能够顺利成活。

六角形蜂巢是自然界的鬼斧神工，而蜜蜂堪称自然界中的"鲁班"，开创了一种全新的筑巢方式。如果人类能够将蜜蜂的筑巢方式运用到建筑实践中，那么人类就有可能不再害怕地震的发生了。

蜜蜂的进化

蜜蜂共分为小蜜蜂、蜜蜂、黑大蜜蜂、大蜜蜂等7种，每种蜜蜂都有各自的生活习性和本体特征。

不同种类的蜜蜂喜欢生活在不同区域，如沙巴蜂和东方蜜蜂等数种蜜蜂，通常生活在较为寒冷的地域；而大蜜蜂和小蜜蜂等种类的蜜蜂则大多生活在气候温和的热带和亚热带地区。

生活区域的不同导致蜜蜂居住的巢穴及其构造也各有不同。就如人类的住房存在地域性差异一样。北方天气寒冷干燥，北方人屋内就会设置火炕、暖气片；而南方天气炎热湿润，南方人在建筑住房时就会注意防潮。蜜蜂也是如此，寒冷地区的蜜蜂一般会选择穴居，这样的巢穴能防寒保暖；而热带区域的蜜蜂则生活在裸露的单一巢脾上，散热功能强。

不过由于巢脾的限制较多，所以不如穴居有优势。但是蜜蜂选择穴居还是在巢脾居住，会视情况而定。一些穴居蜜蜂，如果找不到合适的巢穴，也会选择在巢脾居住，这是蜜蜂基因中的一种隐藏基因所致。

　　而事实上，原始时期，蜜蜂都是生活在巢脾上的，直到后期，一些蜜蜂才进化为穴居。不过不管是哪一种巢穴，最大的功能和作用都是为了保护它们的蜂王。

　　蜂王也叫"母蜂"、"蜂后"，是蜂群中唯一一只能正常产卵的雌性蜂，一般每个蜂群仅有1只。

　　如果蜂王不幸死亡，其余蜜蜂会投向别的蜂群，或者从别的蜂群飞来新的蜂王。如果是人工饲养的蜂群，换一个蜂王就可以了。蜂王也经历了长期的进化过程。起初，它们只能在黑暗中产卵，现在即使在日光的直接照射下，它们也能顺利产卵。

　　如果说蜂巢是蜜蜂群体的大房子，那么蜂房就是每个蜜蜂的居室。蜂房之间有的相互连接，互相通气，如大蜜蜂的雄蜂房和工蜂房之间便相互贯通，并没有发生分化；有的则发生分化，各自独立，如小蜜蜂的蜂房。两相比较，前者就好比许多人住宿的大炕，显得品位低级；后者则是独立卧室，更为舒适。

　　蜜蜂的进化并不单单局限在生活习性上，它们的"舞蹈语言"在长期的发展过程中也产生了变化。为了便于理解，我们以小蜜蜂和东方蜜蜂舞蹈为例，讲解其中的区别。

　　其中，相对原始的小蜜蜂，不能把太阳的方向转变为垂直于地面的方向，只能在巢顶水平面上舞蹈，找到食物的时候，它们就会直接朝着食源方向做摆腹急奔的动作。而进化之后的东方蜜蜂则能够在垂直于地面的方向上进行舞蹈，舞蹈动作也更加复杂。

　　经过研究，科学家发现，小蜜蜂的舞蹈是最古老的动物舞蹈之一。而相对于无刺蜂属的舞蹈，小蜜蜂的舞蹈已有了一定程度的进

拿起你的放大镜

化。因为无刺蜂属的舞蹈竟然没有传递信息的功能。

除了以上一些生活习惯、交流方式方面的进化，还有一些进化发生在蜜蜂体内，那就是不同种类蜜蜂的生理特征的进化，这些生理特征的进化才是蜜蜂在蜕变过程中发生的最显著变化。

不过蜜蜂的这些生理特征变化是很微小的，要在显微镜下才可以观察到。

在显微镜下，我们可以观察到许多蜜蜂的蜂毒是按照氨基酸的顺序排列的，但排列有序的氨基酸在数量上存在一定差异：小蜜蜂比东、西方蜜蜂少了 5 个氨基酸；大蜜蜂比两种蜜蜂少 3 个氨基酸；小蜜蜂比大蜜蜂少两个氨基酸。

氨基酸数量相差甚微，却导致各种蜜蜂外部生理特征的巨大差异。这些差异证明了大小蜜蜂比东西方蜜蜂要原始，而小蜜蜂比大蜜蜂还要原始。

总而言之，为了更好地适应千变万化的生活环境，为了能够在自然世界中不断地繁衍延续，为了不因捕捉不到食物死亡或被天敌消灭，蜜蜂进化得十分全面。

进化不仅让蜜蜂出现了许多分支品种，也让它们在工作中产生了不同的职责分工。其中，蜂王是最高领袖，负责产卵，分娩后代。工蜂是工人，主要负责采集食物、哺育幼虫，同时其还兼任着士兵、农民和清洁员的角色，负责清扫泌浆、保巢攻敌，是蜜蜂王国中至关重要的角色；就像人类的公民，数量最多但不可或缺。而雄蜂则是辅佐蜂王的蜜蜂，主要责任是与蜂王交配，繁殖后代。

蜜蜂用处大

说了这么多，想必你对蜜蜂已经有了一定的了解。下面就让我们一起来看看蜜蜂到底有什么用处。

首先，蜜蜂会不断采蜜、酿蜜，在采蜜的同时会采集花粉，这有助于果树、鲜花等植物和作物的授粉，保证果树能够结出果实、农作物能够长出粮食以及鲜花能够艳丽地绽放。

白天，蜜蜂采集花蜜，夜晚便会将花蜜转化、浓缩成蜂蜜。蜜蜂被中国人尊称为"国宝"，长期饮用能够美容养颜，延年益寿，对身体十分有帮助。

也许，你吃的许多东西都用到了蜂蜜。如果你不相信的话，可以看看包装盒上的原料，其中一些原料可能就含有蜂蜜，比如固体蜂蜜、用蜂蜜制成的营养糖果，还有风味独特的蜂蜜果汁酱、蜂蜜黄油，以及含有蜂蜜的果汁饮料等。

蜂蜜除了能够食用以外，还具有药用价值，能够治疗特定疾病，有润肠、润肺、防腐、解毒、滋润脾肾的功效。而且，蜂蜜还可以用来杀菌，能够有效抑制细菌的滋生。

此外，蜂蜜里蕴含的蛋白质、维生素等有益物质能够增强人的体质和食欲。如果你发现自己咽燥口干、肠燥便秘，或者体弱多病、营养不良、注意力不集中，就可以吃一些合适的蜂产品。

蜜蜂除了能酿造蜂蜜以外，还会生产蜂王浆、蜂蜡、蜂花粉以及蜂毒、蜂胶等物质。其中，蜂王浆能使人精力充沛、心情舒畅，还能治疗肝炎、神经衰弱、营养障碍、风湿性关节炎等疾病。

而蜂蜡则能够消除疲劳，对于头昏和头痛有很好的缓解作用。每当你感觉累了的时候，可以吃一些蜂蜡以恢复精力。

蜂花粉中含有大量的蛋白质、氨基酸以及丰富的维生素，能够治疗肠功能紊乱、腹泻和肠炎等疾病，如果你感觉自己的肚子疼痛的话，蜂花粉就是良药了。

蜂毒，听起来似乎很可怕，它是蜜蜂用来保护自己的武器，不过在医学上经常被用来镇痛，或抑制细菌生长。一些因为中了蜂毒出现

拿起你的放大镜

过敏反应甚至休克的人，在医生的指导下使用蜂毒，可以达到急救的效果。

蜂胶能够增强我们的免疫力，让疾病无法入侵我们的身体。

讲述了这么多，你大概明白蜜蜂对人类的贡献之大了吧。除了这些物品之外，蜜蜂本身的作用也是非常大的。在一些国家中，蜜蜂甚至被摆到餐桌上做成食物。它蕴含丰富的蛋白质，是很多人喜爱的食物。

下面，我们来讲一个关于小蜜蜂的故事。

有一天，两名自行车运动员在同一时间分别从甲、乙两地出发，

相对而行。当他们相距 300 千米的时候，一只淘气的小蜜蜂在两名运动员之间飞来飞去，直到两名运动员相遇了，小蜜蜂才乖乖地在一名运动员的肩上停下来。

小蜜蜂以每小时 100 千米的速度在两个运动员之间飞行了 3 个小时。在这期间，两名运动员的平均车速是每小时 50 千米。

那么，亲爱的同学们，你能够计算出这只小蜜蜂总共飞行了多少千米吗？

其实，答案很简单。这只小蜜蜂飞行了 3 个小时，总共飞行了 300 千米。

拿起你的放大镜

第二章　大象王国

扩音脂肪

　　去过动物园的朋友们应该都见过大象吧。大象有着庞大的身躯，长着长长的鼻子，两只长长的白象牙从大嘴中伸出来，硕大的耳朵好像两个大蒲扇，四肢就像柱子一样，一根小尾巴藏在大大的屁股后面，几乎看不见。

　　不过，虽然大家都见过大象，但是你们知道大象是怎么和同伴说话交流的吗？

　　"用嘴喊叫啊，我听过大象朝着天大声喊叫，声音很洪亮。"有的朋友这么回答。

　　的确，大象经常发出鸣叫声，不过这些叫声却不是它们在和同类说话沟通。大象是用我们听不到的次声波来交流的。

　　次声波是我们听不到的一种声波，在没有其他干扰的情况下，一般可以传播到 4～11 千米的远处。可是为什么没有任何一个人在动物园之外听到大象的叫声呢？这里我们就要强调，大象的叫声是我们能听到的声音，传播距离很短，而次声波是我们听不到的声音，是大象之间交流使用的声波。

大象有两只大耳朵，有朋友就想当然地认为大象一定能听到很远很远地方发出的声音。这个说法看起来很有道理，实际上却并非如此。

大家仔细看看大象的耳朵，它们为什么是耷拉下去的，而不是竖立起来的呢？耷拉下来的耳朵怎么去接收空气中传来的声音呢？

所以说耳朵的大小不是决定能否听到远距离声音的关键因素，真正具有决定作用的关键因素是大象的扩音脂肪。为了便于大家理解，我们来举一个例子。

自然界中的条件非常恶劣，在暴雨中小象如果走失，大象该怎么去寻找自己的孩子呢？它们没有汽车，没有广播，唯一的办法就是让孩子听到自己的叫声，让孩子自己走回来。

一般情况下，走失孩子的母象会发动整个象群，一起跺脚制造出巨大响声，利用这些响声来召唤走失的小象，这种方法最远可以将声音传播到 32 千米以外。

聪明的读者又有了疑问，这么远的距离，远方的大象难道要把耳朵贴在地面上去听吗？而且一定能够听得到吗？

当然不能这样。其实，大象是用骨骼来传播声音的。当声波传到走失的小象所在的位置的时候，会沿着小象的脚掌传到骨骼上，通过骨骼传到小象的内耳。这时候，小象就可以听到一些声音了，只不过这时候的声音还很小，这时小象脸上的脂肪就会进行扩音，让声音变得更加清晰。这样，走失的小象听到响声后就可以找到回家的路了。

这种能够将声音扩大的脂肪，动物学家称之为扩音脂肪，除了大象之外，许多海底动物也有这种脂肪，它是大象之间、海底动物之间交流的关键所在。

所以，朋友们要记住：大象的喊叫声不是交流的语言，它们是用次声波来交流的，而扩音脂肪能让声波变得更加清晰。

拿起你的放大镜

大象王国

与蜜蜂的家族相比，大象王国更为庞大。它们的数量虽然不如蜜蜂多，个头却让许多动物望而却步。

大象王国的主要成员有非洲象、侏儒非洲象、亚洲象、猛犸象等，可以说是一个大家庭了。

大象给人的感觉就是"庞然大物"，但是，读者朋友们，你们知道这些大象之中，哪一位才是最大的吗？

是非洲象吗？猜对了。非洲象是现存的最大的陆生哺乳动物，身体长度能达到 6 米甚至是 7 米以上，重达 10 余吨，说它们是"庞然大物"一点也不过分。

非洲象庞大的身躯成就了它巨大的象牙。据统计，非洲象的象牙，最长有 350 厘米，重 107 千克。

非洲象分为非洲草原象和非洲森林象两种。那么，怎样才能分辨这两种大象呢？有三个特征可供参考：

第一，非洲草原象身体大于森林象，是世界上最大的非洲象。

第二，非洲草原象性情非常暴躁，会主动攻击其他生物甚至人类。

第三，森林象的耳朵是圆的，个子要小一些，象牙呈粉红色。如果大家见到粉红色象牙的大象，那么它很有可能就是非洲森林象。

除了非洲象以外，在非洲生存的还有另一种大象，那是侏儒非洲象。个头不到 3 米，重量也只有 3200 千克甚至更小，象牙向下生长，耳朵呈椭圆型。

侏儒非洲象喜欢群居，一般靠血缘关系来组成一个集体，少则几头，多则上百头。一般来说，数量较少的象群才更稳定，数量过多的象群很快就会分裂。

说完非洲象，再来看看亚洲象。每个象群都有一个头领。非洲象象群的头领一般是雄象，而亚洲象的头领则一般是雌象，这是非洲象和亚洲象最大的区别之一。

亚洲象不喜欢定居，它们经常迁徙，好像旅游者一样。它们爱吃野草、野果和竹叶等东西，性格比较温和。

大象在非洲以及印度一些国家被当作摇钱树。大象个头巨大，经常被当作坐骑出租，或者被训练来表演节目吸引游客，朋友们有机会看看印度或泰国的电影，就可能看到这一幕了。

以上提到的大象是我们现在都能看到的，还有一种大象早已在冰河时代灭绝，它们浑身上长满长毛，又叫长毛象，它们就是猛犸象，是大象家族中的化石。

猛犸象曾经是体积最大的动物，不过与现在的非洲草原象相比却微不足道，它们只有 5 米高，5～6 吨重而已。

猛犸象在鞑靼语中被称为"地下居住者"，与目前大象普遍居住在热带和亚热带的环境不同，它们生活在寒冷的环境里，如俄罗斯的西伯利亚地区、冰岛等地，只能寻找到很少的食物，这也许是它们灭亡的原因之一。

大象是人类的好朋友。但是有一些人为了个人利益，将大象杀死后贩卖象牙赢利。这是违法也是违背道德的行为。朋友们应该抵制这样的行为，挽救身处危险境地的大象们。

思维小故事

水上运画

    汤姆警长从线人那里得到消息，国际大盗米勒将法国美术馆珍藏的世界名画盗走了两幅，计划装在从马赛港启程的客货轮"郁金香"号上，瞒过海关再悄悄偷运出去。

    得知这一计划后，汤姆警长立即赶赴马赛港。

    "郁金香"号上堆满了货物，即将要起航了。汤姆同海关人员一同上船，对船上所有货物进行检查。可是他们查遍了船舱，结果连名画的影子也没见到。

    "米勒！你把东西藏在什么地方了？还是老老实实地说出来吧。你想用这条船把盗窃的名画运到英国去，这事我已经知道了。"汤姆警长找到米勒追问道。

    "汤姆，你真是个疑神疑鬼的人啊。这艘船上哪有什么名画呀！你要是不信，就随你搜好了。"米勒嘲笑他说。于是，警方又将船搜了一遍，还是没有找到名画，这会儿就连汤姆也灰心了。

    米勒开始不耐烦起来："汤姆，要是怀疑解除了，就放我们走吧。再见！"说完就催促船长开船。"郁金香"号鸣着汽笛，徐徐离开了深水码头，被两艘拖船一直拖到港外。米勒站在"郁金香"号的甲板上，得意地向汤姆摆着手。汤姆站在码头上，遗憾地望着船远去。不多久，两艘拖船返回来了。"糟了，上米勒的当了！"当汤姆发现米勒的计谋时，已经晚了！"郁金香"号径直开出海峡驶向了英国。

大盗米勒到底将名画藏在什么地方了呢?

参考答案

被盗的名画就放在拖船上,所以在"郁金香"号上无论怎样寻找也是找不到的。一到了港外,米勒就将名画从拖船上搬到"郁金香"号上。

大象的象征

大象不仅在自然界很有地位,在人类中也被视为"神物",是有

些国家和政党的象征，有着非同凡响的寓意。

1. 科特迪瓦的象征

很久以前，欧洲人乘船来到一片陆地狩猎，以获取名贵的象牙，借此来赚取丰厚的利润。1893 年，法国殖民者为那片大陆正式赐予"科特迪瓦"的名字，当地大象繁多，盛产象牙，因此被称为"象牙海岸"。在科特迪瓦成为独立的国家之后，大象就成为了整个科特迪瓦的象征。他们国徽和国旗上有着大象的标志。在 2010 年的南非世界杯赛中，科特迪瓦队更是穿着以大象为暗纹和队徽的球衣参加比赛，虽然结果并不令科特迪瓦队的球迷满意，可是世界人民却进一步知道了大象对于科特迪瓦的重要象征意义。

2. 印度的象征

印度位于中国南面，相比较于遥远的科特迪瓦，印度人对于大象的喜爱和敬畏更被我们所熟知。在印度，各种各样的节庆活动中，人们总能见到大象的身影。他们喜爱大象，视大象为友，但大象一旦老得不能工作之后，它就会被主人嫌弃甚至抛弃。针对这种情况，印度喀拉拉邦宣布设立首个"大象退休之家"，为工作了一辈子的大象提供安度晚年的场所。

恐怕这也就是为什么人们经常用大象来代表印度原因吧，因为大象经常会在印度出现，许许多多事情往往与大象联系在一起。比如，中国与印度经济上的竞争被称作"龙象之争"，而印度股市大涨则是被股民称作"大象狂奔"，这也就说明了印度与大象的关系，二者之间不可分开。

3. 美国共和党的象征

与科特迪瓦和印度不同，大象对于美国共和党的寓意是偶然间输入的。

20 世纪，美国的《哈泼斯周刊》曾经用长鼻子的大象来形容共和党，用驴来喻指民主党。后来，纳斯特又在一幅画中以相同的手法比喻了两党。

　　久而久之，驴和象就成为美国民主党、共和党两党的象征，而两党也分别以驴、象作为党徽的标记。其中，共和党更是借助大象许多积极的象征意义来实现政治目的，比如他们用大象的憨厚、稳重和脚踏实地，来赢得民众支持，多次赢得选举。

拿起你的放大镜

第三章　万兽之王——狮子

狮子的大家庭

与大象相比，属于猫科动物的狮子的家庭显得更加庞大，不论是从种类，还是从地区分布来说，大象都无法和狮子比拟。按种类分，大的群体有非洲狮、亚洲狮，小的群体有东非狮、津巴布韦保护区狮、克鲁格公园狮等。它们在不同的环境下逐渐的发展成为不同的种群。

狮子按性别可以分为雄狮和雌狮。一般情况下，雌狮的体长短于雄狮，体重也略轻于雄狮。即使是同种类的狮子，个头也有着很大的差别，最小的可能不足 1 米高，肩宽也不足 1 米，体重只有百余千克。大个头的狮子的体重几乎是小个头狮子的 2 倍，体长和肩宽都超过 1 米，十分雄壮。

据记载，最大的狮子体重已经达到了 435.88 千克，肩宽达到了 1.33 米，加上尾巴全长 3.34 米，这是一只巴巴里狮。巴巴里狮和开普狮都以个头高大著称，不过，在猎人无情的猎枪下，这两种狮子相继灭亡了。

现存的狮子家族中比较著名的是亚洲狮和非洲狮。亚洲狮的个头相对于巴巴里狮要小许多，不过却是亚洲最为凶狠的食肉动物之一。

而非洲狮种类较多，南非和埃及的狮子的头颅长度在 37 厘米以上，东非狮子的头颅长度大约在 35～37.5 厘米，体积庞大。

狮子的毛发较短，体色分为浅灰、黄色和茶色 3 种。不过只有雄狮有鬃毛，这也是雄狮不参加捕猎、只负责吃的一个理由，因为过长的鬃毛会暴露雄狮的位置，即使是草丛也挡不住它们的鬃毛。

虽然鬃毛长不适合捕猎，可是鬃毛长且颜色深的雄狮会被认为是"帅哥"，受到雌狮的青睐，而短毛的雄狮则容易被母狮忽视。

狮子一般以肉食为主，野牛、羚羊、斑马等大型动物都是它们捕食的目标，一次吃饱，数天不饿。

有时候，捕捉不到食物的狮子也会抢夺其他动物的食物，比如说鬣狗、豹子之类的肉食性动物的食物。

以雄狮为主的狮群大多时候都是各自行动的，只有捕食时才通力合作。狮子的个头虽然很大，它们的心脏却很小，在冲刺奔跑一段时间后就会筋疲力尽，所以在捕猎的时候，狮群会小心翼翼、精诚合作。

狮子有着强烈的领地意识，就算是在捕猎的时候，其他狮群或者是个别狮子路过自己的领地，狮子便会咆哮，警告对方要小心行事，离自己和自己的领地远点。为了划分和保护自己的领地，狮子通常会用尿液之类具有刺激性的液体作为领地标记，警告其他雄狮和成年的狮子不要轻易步入其中。

各位朋友，我们今天所说的狮子不包括美洲狮，只包括 13 种狮子，即东非狮、南非狮、刚果狮、马赛狮、布伦贝尔狮、索马里狮、北刚果狮、卡拉哈里狮、亚洲狮、埃塞俄比亚狮、塞内加尔狮再加上已经灭绝的巴巴里狮和开普狮，大家不要混淆了。

狮子与文化

狮子凶狠，难以驯服。除了一些马戏团能够将之驯化，用来表演之外，大多时候人们都对狮子保持了敬畏的态度，称之为"万兽之王"，尊崇备至。

清代蒲松龄曾在《聊斋志异》中写过一篇名为"狮子"的文章——"暹（音：xian）罗国贡狮，每止处，观者如堵。其形状与世所传绣画者迥异，毛黑黄色，长数寸。或投以鸡，先以爪抟而吹之。一吹，则毛尽落如扫，亦理之奇也。"

暹罗就是今天的泰国。文章描述的便是狮子出现时，万人空巷的情景，以及狮子捕食的情景。

蒲松龄笔下的狮子可谓威风凛凛，不仅吸引了世人的眼球，还激发了能工巧匠的创造力。舞狮这种艺术就是这样被创造出来的。按照传统习俗，在喜庆佳节的时候，人们会敲锣打鼓，舞狮助兴。舞狮的时候，表演者钻进狮子的头套之中，在鼓乐伴奏下，装扮成狮子的模样，模拟狮子做出各种形态动作，惟妙惟肖。

起初，舞狮只在中国才有，随着华人不断移居海外，舞狮这项艺术很快闻名世界。各国华人聚集的地方，每逢春节等重大节日，都会有舞狮节目，观者如潮。

舞狮是我国优秀的民间艺术，关于它的起源，有4种说法：

一种认为兴起于东汉代。相传在汉章帝的时候，番邦曾经向汉朝进贡了一头金毛雄狮。当时国内狮子很稀少，这个使者就放言说，如果有人能驯服金毛雄狮，番邦就继续进贡，否则就断绝邦交。

汉章帝大怒，先后选出3人来驯化金毛雄狮，却都失败了。有一天，金毛雄狮兽性发作，被太监乱棒打死。为了逃避皇帝的责罚，太监们将金毛雄狮的狮皮剥下，选出两个擅长舞技的人来假扮狮子，另外一人则在一旁逗引起舞，吸引使者的注意，没想到此举居然蒙混过关，番邦继续进贡。

不久，此事传出皇宫，百姓得知后，认为这次舞狮为国争了光，是吉祥的象征。于是纷纷仿造狮子，表演狮子舞。

一种认为舞狮兴起于三国时期，南北朝时开始流行，至今已有一千多年的历史。

第三种说法认为兴起于北魏。相传北魏时期，胡人作乱，狡诈的胡人将木头雕刻成狮头，用金丝麻缝制成狮身，伪装成狮子想行刺魏帝，幸被忠臣识破，化解了危机。而魏帝却意外喜欢上了舞狮表演，让其流传了下来。"辟邪狮子，引导其前"的说法即是从此而来。

第四种说法是认为兴起于唐代。相传，唐明皇梦到一只威风凛凛的独角兽在自己的面前滚球戏耍，十分可爱。他醒来后，立刻命令大臣模仿，以鼓乐伴奏。之后，舞狮的技艺很快流入民间。白居易曾创作《西凉伎》，写道："假面胡人假狮子，刻木为头丝作尾。金镀眼睛银贴齿，奋迅毛衣摆双耳。"

许多朋友可能会想不到的是，凶猛的狮子和基督教也有着很深的联系。

基督教图像中的狮子，是权威和力量的象征，一方面可以代表善良，寓意为威猛、勇敢和慷慨，是圣徒之侣和英雄之友；另一方面也可以代表扑向善良者和教徒的恶兽，寓意为凶暴、残忍和嗜血。在《圣经·旧约》中，狮子被当成以色列十二族中第一族犹大族的族徽，是大卫的标志。

搏杀狮子也在西方文化中占据了重要的地位，能够成功击杀狮子的人往往被誉为勇士，得到所有人的尊敬。可见，狮子的文化与其本身凶猛强悍的形象息息相关。

拿起你的放大镜

品牌形象

威风凛凛的雄狮，自古以来就被人们视为高贵和英武的象征。雄狮仰天长啸的情景，不仅成为画家、民间艺术家创作灵感的源泉，更被注重品牌形象的企业家们注意到了，许多汽车企业将他们运用到自己品牌形象及其宣传之中，暗指自己的品牌能够如同雄狮一般成为业界至高无上的王者。

熟悉汽车的朋友一定知道，标志集团汽车的商标就是一头站立长啸的雄狮。这个标志是集团创建人别儒家族的族徽。

1848年，别儒家族的族长——阿尔芒·别儒在巴黎创建了一家工厂。经过几十年的发展，别儒家族创立了标志汽车公司。1976年，标志汽车公司和雪铁龙合并，组成了现在欧洲第三大公司——标志集团。

标志集团"狮子"的商标，线条刚劲柔美、简洁明快，既彰显了力量又凸显了美观的外形，更散发了时代的气息。容易让人联想起在原上野自由驰骋的雄狮，傲然而有帝王气。

据说别儒家族之所以以雄狮为族徽，是因为祖先在非洲见到了奔腾怒吼的雄狮。后来这头雄狮又成为别儒家族所在的蒙贝利亚尔省的省徽。

除了标志以外，上海汽车集团旗下的品牌——"荣威"也是以狮子作为自己的品牌象征的。"荣威"历史悠久，但在开始的时候，却是没有自主品牌。

为了上市，上海汽车工业正式宣布以"荣威"作为品牌名，品牌商标上方是两个小狮子面面相觑，代表了上海汽车工业人的开拓创新精神，象征着他们敢为人先的勇气和实力。下面是"RW"的字母组合，意为"创新殊荣，威仪四海"。

商标由红、黑、金三个主色调组成。红色代表中国传统的热烈与喜庆，金色代表富贵，黑色则象征威仪和庄重，是中国最经典、最具内涵的三个色系。

除以上两家之外，澳大利亚的霍顿汽车公司，其标志也是一只滚球的狮子，设计灵感来自一则古老的传说：埃及狮子滚石头的场景启发人类发明了车轮。

霍顿汽车公司在澳大利亚汽车界很有地位，澳大利亚历史上第一部自己生产的汽车"48—215"就是由霍顿汽车公司生产的。经过一个多世纪的发展，霍顿汽车公司如今已经成为澳洲著名的汽车公司，以制造强劲的发动机闻名全世界。

狮子除了被用作企业标志外，还被视为权力的象征。古埃及法老胡夫在修建自己陵墓的时候，命令石匠们按照他的脸型，雕塑了一座狮身人面像，以象征法老的尊贵和至高无上的权力。

除此之外，狮子更是工艺品的常用题材，木雕狮子就是其中之一。它由高级技师手工雕刻而成，不借助任何机械设备。造型生动，做工精致，是深受顾客喜爱的工艺品。

拿起你的放大镜

第四章　蝗虫面面观

蝗虫危害大

我们在电视上曾看到过天上蝗虫满天飞、地上寸草不留、满地疮痍的情景，所以一听到"蝗虫"二字，很多人都心生厌恶或者畏惧。因为蝗虫会吞食谷物，破坏粮田，导致粮食短缺甚至饥荒。

我们把这种灾难叫作"蝗灾"。蝗灾轻则绵延千里，重则颗粒无收。

可是蝗虫为什么要危害人间呢？

先辈们经过不断观察和研究，发现蝗灾往往是紧跟在旱灾之后出现的。这是因为，蝗虫喜欢生活在温暖干燥的环境中，经常借助旱灾疯狂产卵，好让后代在适宜的环境中快速生长。

一般来说，含水量在10%～20%时最适合它们产卵。湿润的环境不适宜蝗虫生长，会延长它们的生长时间，降低它们的繁殖能力，更会让它们生病。在一些特殊的雨雪天气下，蝗虫甚至会被冻死。所以说，雨水是蝗虫的天敌，是防止蝗灾出现的有效途径。

可是，朋友们，你们知道吗？能制造出如此可怕灾难的蝗虫，其实是一种胆小的昆虫，它们一般不喜欢群居，经常单独栖息，很难危害到人类。可是，当蝗虫后腿的某一部位受到触碰时，情况就发生了变化。就好像是胆小的孩子被欺负的时候，也会爆发出滔天的怒意一样，这时的蝗虫也会怒击敌人。当它们被触怒后，你能看到无数的蝗虫，不断的朝着同一个地方飞去。当蝗虫的数量聚集到了可怕的地步，蝗灾便随之产生。这就是蝗灾产生的原理。

下面，让我们来看一下蝗虫到底能引发多大的灾难。

2010 年，大批蝗虫入侵澳大利亚。它们一夜能飞行数百千米，瞬间便席卷了澳大利亚南部的 4 个州，吃完这 4 州的食物后便转战其他州。

这场灾难持续了半个月之久。数百万亩的小麦、牧草以及其他农作物、植物都被啃食一空，给当地的牧民和居民带来了巨大的损失，严重影响了他们的生活。

除了吞食粮食作物以外，蝗虫群还严重影响了当地的交通。公路、民航被迫中断，等待着蝗虫离开。司机为避免被蝗虫群攻击，不得不在前窗上安装上防护栏。

这是国外的虫灾。我们来看看国内的蝗灾。

2011 年 7 月，长沙惯有的高温和干旱天气带来了一场蝗灾，部分地区出现了大批蝗虫，殃及数万亩竹林和稻田。

幸运的是，当地政府注意到了蝗虫的异常增生，预感到了即将发生的危险，提前做好了准备。

3 天后，当地的居民在政府的领导下开始围剿蝗虫。面对这些能够在两三日之间就将一个山头吃光的蝗虫，人们不敢大意，迅速动手。

因为此时的蝗虫还是幼虫，到了 8 月份，蝗虫成虫就会自然死亡，蝗虫的虫卵就会深埋地下，这样，来年还会再次发生蝗灾。

这场蝗灾被成功遏制了。那么，一旦发生蝗灾我们该怎样防治呢？

拿起你的放大镜

为了防治蝗灾，政府部门发动民众，全面出击，如兴修水利、植树造林、开垦荒地、改善种植的方法和农作物的配比等。同时，利用高科技建立相应的预警防治机制，做到早发现、早预防。

当时，人们往往使用灭禽鸟或者蓄养蝗虫天敌来阻击它们。有时还会用到灭蝗机械、人工化学方法等科技手段对付蝗虫群。

蝗虫的生活史

说完了蝗虫的危害之后，我们来观察一下它们的生活史，看看蝗虫到底是如何生长的吧！

首先谈谈蝗虫的生命期。蝗虫的生命分为三个时期，即卵、幼虫以及成虫三个阶段。这就好像是我们人类有婴儿期，幼儿期和成年期三个时期一样。

蝗虫的虫卵是在地面之下生长的，而幼虫和成虫则是在地面之上生活的。开始的时候，蝗虫将虫卵产到地下。雌虫产卵的时候，腹部会伸长两倍，以便将卵产到地下。雌虫会分泌泡沫状物把虫卵包裹起来，保护它不受到季节变化的影响和外界环境的危害。

幼虫孵出来时，身体上依然包裹着薄皮，它们爬出来后会进行一次蜕皮。这时候的蝗虫虽然还没有长出翅膀，但在形态上却已经固定了。在第一次蜕皮之后，幼虫还会进行 5 次蜕皮。在这个过程中身体不断变大，翅膀也变得越来越明显，直到最后一次蜕皮完成，成虫的翅膀才会彻底长成。至此，蝗虫彻底的成虫了。

蝗虫的成长不是一帆风顺的。如果冬天过于寒冷，蝗虫就会被冻死。如果下雨，雨水会淋湿它们的翅膀，让它们不能够飞行，无法找寻食物，它们便会饿死。

蝗虫的种类繁多，主要有稻蝗、东亚飞蝗、红负飞蝗、台湾大蝗、拟稻蝗以及台湾稻蝗等8种。它们繁殖速度奇快，就算在最艰苦的环境下，也能有大量的蝗虫存活。所以，尽管人们不断防治蝗灾、阻击蝗虫，却依然难以将其彻底消灭。

每种蝗虫都有自己的生活习性以及生存之道。它们有的擅长跳跃，有的擅长飞翔，有的二者兼长。由于它们所处的环境不同，蝗虫的优劣很难评定。比如说，只会飞的蝗虫，是很难在擅长跳跃的蝗虫生存的地方生存下去的。

古代"神蝗"

古代的人们对于蝗虫的认识不多，以为这是一种神虫，是上天用来惩罚人类的神物，所以将它称为"神蝗"。

许多文学大家都撰写过关于蝗虫的诗词或文章。宋代陆佃在《埤雅》中说，"或曰蝗即鱼卵所化"，可见当时人们认为蝗虫是由鱼卵孵化而来的。还有一些作品由于不清楚蝗虫的来龙去脉，而充分发挥想象力，将"蝗虫"神化。如潘自牧的《记纂渊海》，"有蝗化为鱼虾"；李昉《太平御览》中的《虾门》中云："蝗虫飞入海，化为鱼虾。"以及李苏的《见物》中所说"旱涸则鱼、虾子化蝗，故多鱼兆丰年。"

古时蝗灾时有发生。《旧五代史·五行志》中就记载了一次蝗灾。"乾祐二年，蝗虫蔓延到宋州。蝗一夕抱草而死。"

还有民国《高淳县志》卷十二中记载了同治年间发生的一次蝗灾："同治四年十月，农工将毕，有飞蝗东来，坠落水成乡地方，来春蝗生遍野，不俟扑打，尽抱草而死。"

这两篇文章都记载了蝗虫"抱草而死"，可见当时人认为有一种植物具有杀蝗的功效。不过有人认为，那是蝗虫被真菌感染后，会在

拿起你的放大镜

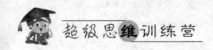

临死之前爬到草的最尖端，前中足一起抱住草。这种现象就是古人所说的"抱草瘟"或是"吊死瘟"，被认为是一种不吉祥的征兆。

宋朝之后，人们对于蝗虫的认知越来越全面、深入，蝗虫也就不再被当作神虫，反而被视作害虫。古人发明了许多灭蝗的方法，如：鸣金驱赶法、捕击法、火烧法、沟坎深埋法、掘种法，以及趁清晨蝗翅露湿难飞，用器具抄掠法等。

由于蝗虫极具侵略性，不同文化均将其视为灾祸与毁灭的象征。《圣经·出埃及记》中记载摩西用蝗灾来攻击埃及；《圣经·启示录》中用蝗虫代表魔鬼；电影《驱魔人》中描述了蝗虫袭击人的画面。可见蝗虫在不同文化中以灾祸的形象出现。

第五章 话说含羞草

预测地震

一提到含羞草，朋友们一定会联想到那棵一触碰便会害羞地缩起来的小草。嫩绿的叶子在平时会一片片绽放，害羞时则会将绿叶全都收缩，十分娇羞可爱。

害羞草有很多有趣的名字，如见笑草、感应草、呼喝草、知羞草、怕丑草、怕羞草、夫妻草。这么多名字都突出了一个特性：害羞。

其实含羞草并不害羞，它们生命力极强，能够在艰苦的条件下生存、生长。它们的原产地是中南美洲，现在已经扩散到了全世界，到处可见，价格低廉。

那么，为什么含羞草会害羞地闭上自己的绿叶呢？

大家仔细看看含羞草的叶片和叶柄的连接处，是不是有个肿胀的关节，那叫叶枕。含羞草的闭合主要是和叶枕内的液体有关系。

叶枕内有许多薄壁细胞。当含羞草叶片受到刺激，如被人触碰或者吹气，刺激感很快会传导到叶枕。叶枕内的薄壁细胞内的细胞液就会流向细胞之间的间隙，细胞本身的肿胀度就会消减，表现在外就是

拿起你的放大镜

收缩叶面，这就是我们通常见到的含羞草害羞的表现。

我们刚刚说的是白天的含羞草。其实，害羞草在光线较弱的时候更加敏感。含羞草在夜晚会进行睡眠运动，自动地收缩叶片。

含羞草的这种特性不仅能让人觉得它奇特可爱，还可以帮助人类准确预测地震呢。

土耳其的地震学家艾尔江研究发现：在地震之前的几个小时，对外界变化异常敏感的含羞草，叶子会突然萎缩，然后枯萎。

日本的科学家也观察到：平时，含羞草的叶子是白天张开，夜晚闭合。而发生地震时，含羞草的叶子则会出现白天合闭、夜晚张开的反常现象。含羞草的异常表现很可能是发生地震的先兆。这对于多地震的国家来说是一个福音，能够增加事先发觉到地震的概率，尽量降低地震造成的损害。

除了能够预测地震，含羞草还可以预测灾害性天气。当出现突发性的反季节性的温差，地磁以及地电等变化时，含羞草就会表现出有违规则的异常反应。所以，我们可以在室内摆上一些盆栽含羞草，说不定能帮助你防范自然灾害呢。

种植含羞草

如果你想自己种植含羞草，就要好好阅读这篇文章，我们将告诉你怎么种植含羞草。

要培育含羞草，首先要给它营造良好的生长环境。含羞草的适应性很强，但它们喜欢温暖的气候，讨厌寒冷的环境，而且在较为湿润的土壤中长势很好。开始的时候，我们可以把含羞草放置在阳台或者种在院子里。到了冬季，最好搬回室内，否则含羞草会被冻坏的。

环境选定好之后，就要注意浇水、施肥、护理的问题了。

养殖含羞草要素，归纳起晋爵以下几点：

水分的要求：水分达到湿润的标准，夏季生长期的时候每天需要浇水 2 次。

肥料的要求：苗期的时候施追肥的频率为半个月一次，肥量的大小可以决定株型的大小。每隔 10 天左右最好为它浇施腐熟稀薄的"液肥" 3～4 次。

土壤的要求：深厚、肥沃、湿润的土壤最为适宜，这样可以保证含羞草的营养充足。

温度的要求：含羞草不耐寒，室温最好保持在 0℃～12℃。

光线的要求：光线充足的地方即可，不要放在阴暗的地方。

繁殖的要求：3 月下旬至 4 月初播种最好，幼苗长到 7～8 厘米即可栽植。

思维小故事

急中生智

如往常一样，哈维回到家就打开了电视机，播音员正在播报一条消息："今天 19 点左右，在温特罗街，一名 79 岁的老人在遭抢劫后被枪杀。据目击者说，凶手是穿蓝色西装的中年男子。请知情者速与警察局联系。"

温特罗街正好是哈维住的这条街。她感到很害怕。正在这时，阳台上突然出现了一个 35 岁左右的男子，身穿蓝色西装，衣服上沾有血迹。哈维吓得脸都白了。那人威胁哈维，让她把手表和金戒指交出

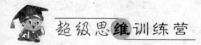

来。这时，突然有人敲门，中年男子用枪顶着哈维的背，命令道："到门口去，就说你已经睡下了，不能让他进来。"

"谁呀？"哈维问道。

"卡尔警官。哈维小姐，你这儿没事吧？"听到这熟悉的声音，她内心平静了许多。

"是的，没什么事。"她答道。停了一会儿，她又说："我哥也在向您问好呢，警官！"

"谢谢，晚安。"不一会儿，巡逻车开走了。

"干得不错，太妙了。"中年男子高兴地大口喝起酒来。突然，从阳台上冲进来许多警察。没等他反应过来，警察就给他戴上了手铐。

"哈维小姐，你真是机智过人啊！"卡尔警官微笑着说道。

请问，哈维是如何引起卡尔警官注意的？

卡尔警官是哈维的朋友。他知道哈维没有哥哥。当哈维得知门外是卡尔警官时，便故意说她哥哥也问卡尔好，卡尔就明白哈维遇到危险了。

羞花杨贵妃

朋友，你一定听说过"闭月羞花"这个成语吧？这个成语用来形容女子貌美绝伦到让月亮躲藏、让鲜花羞涩。你也一定知道这句成语的由来。在这里"羞花"的美女指的是杨贵妃，而为之羞愧的"花"实际上是含羞草。

相传，杨贵妃刚入宫时并不能经常见到唐明皇。她心情苦闷，百无聊赖，便来到了宫苑赏花，无意间触碰到含羞草，含羞草的叶子瞬间卷了起来。

这个情景被陪同杨贵妃赏花的宫女见到，当下惊呼起来，认为这是杨贵妃的美貌让含羞草羞愧得卷起叶子，躲了起来。唐明皇听说这件事后，十分惊奇，将她封为贵妃，备加宠爱。再到后来，"羞花"就成了杨贵妃的雅称，这段因为含羞草引起的佳话也流传至今。

荷花女和"含羞草"的故事

关于含羞草的趣味故事有很多，其中有一个较著名的是荷花女和

拿起你的放大镜

含羞草的故事。

从前，有一个小伙子走到河边，见到一个老人在钓鱼。小伙子心动之下便想向老人学习钓鱼。可是，老人不想教他钓鱼的方法，又不好意思拒绝，便告诉他，沿着这条河流一直走下去，那里有一个秘密。

老人说完就消失了。小伙子既惊又喜，心想见到仙人了。他毫不犹豫地沿着河流走下去，可是走了一天，什么都没有发现。他坚信老人的指点，所以坚持向前走，走了很长时间终于看到一个荷塘。

荷塘边的茅屋里居住着一个非常美丽的女子，小伙子顿时心生爱慕。小伙子上前攀谈，得知女子名叫荷花。小伙子在荷花女的盛情邀请下用过晚餐后，依依不舍地离开了。

第二天一早，小伙子又来到了池塘的旁边，与荷花女嬉戏玩耍。

"我还是一个人。"小伙子说，这是他表达爱意的暗示。可荷花女并没有理会。小伙子失望地回到家中，辗转反侧，难以入睡。

忍受不住相思之苦的小伙子再次来到荷塘，却没有见到荷花女。他站在岸边大声呼唤荷花女的名字。过了许久，荷花女从荷塘里冒水而出，忧伤地说："我父亲不让我和凡人交往，我们不能再见面了。"

小伙子伤心欲绝，险些晕厥。荷花女心中一动，说："如果你是真心的，我们可以私奔。你是真心的吗？"

小伙子仿佛黑夜中看到希望，使劲儿点头："我是真心的！真的！"

于是，荷花女大胆地和小伙子离开了荷塘，逃到了偏僻的地方，成亲隐居。每日，小伙子砍柴打猎，荷花女养桑织布。两人虽然辛苦，日子却也甜蜜。

但时间一长，荷花女因为操劳，容貌衰减，已不再美丽。小伙子见到荷花女这样劳累，心生内疚，便决定到山上去多猎一些动物回来换钱养家。

　　小伙子在山上发现了一个洞穴，幽深漆黑，还有阵阵黑风刮出。小伙子心感疑惑，决定进入一探究竟。小伙子来到洞穴的最深处，只见一个年轻美貌的女子正在下棋，这女子比荷花女年轻娇美许多。

　　小伙子心倾神驰，女子对小伙子也是一见钟情。小伙子在女子的柔情蜜意之下很快忘记了在家中辛劳的妻子，并和这个女子结了婚，日子过得舒适逍遥。

　　这一日，貌美女子突然对小伙子说要回娘家看望亲戚。小伙子担心女子路上遇到危险，便将荷花女赠给他的一根发簪交给了女子。荷花女曾一再告诫小伙子要好好保管发簪，不要交给任何人。但这时的小伙子已然将之前所有的情意都忘记了，只想着现在的妻子会不会遇到危险。

　　女子拿着发簪离开了洞穴。她一离开，洞穴门口的岩石突然合拢，把小伙子关在了漆黑深邃的洞穴里。小伙子惊慌失措，大喊"放我出去"，外面却没有回应，他这才知道自己上当受骗了。

　　荷花女在家中等待多日，还不见小伙子回来。焦急的荷花女掐指一算，得知小伙子负心，一颗心如坠冰窖。多情的她担心小伙子遇到危险，还是赶往洞穴，将小伙子解救了出来。

　　见到荷花女，小伙子羞愧不已，决心改过自新。深爱他的荷花女顿时心软，决定再给他一次机会。这时，貌美女子楚楚可怜的声音从山后传了出来：

　　"小伙子，如果你离开这里，你将会永远失去我，你将再也找不到我这样美丽的妻子。"

　　小伙子恨女子骗他，背转身，坚定地向前走。貌美女子不断地哀求，唤起他的回忆，提醒他两人曾经度过的美好时光。

　　小伙子的脚步迟疑了，他想回头。荷花女提醒他："不要回头，一回头她便会取了你的性命。"

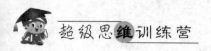

小伙子最终还是没有压制住心中的欲望，回头看了那女子。但就在小伙子回头的一瞬间，貌美的女子将他变成了一株小草。

因为辜负了荷花女的一片爱心，小草羞愧地抱起了叶子。

荷花女叹息说："虽然悔之晚矣，但你还知道羞愧，也不枉我对你一片真心。"后来这个故事流传开来，大家都将小伙子化作的那株小草称为"含羞草"。

有毒的含羞草

含羞草如此娇羞可爱，你一定认为它是一种乖巧伶俐，不会给人们带来危害的植物。事实上，含羞草是有毒的。

一些动物误食含羞草后会引发疾病。最常见的是，耕牛在误食了没有刺的含羞草之后，出现中毒症状，表现为：磨牙、喘气、呼吸困难、水肿等。这些症状会导致耕牛不能正常劳作，延误农事。

除了耕牛以外，由于草内含含羞草碱的缘故，骆驼和马等动物会因为误食含羞草而出现脱毛的现象。在寒冷的冬季，脱毛会让动物面临死亡的威胁。

除了导致脱毛以外，含羞草碱还会促使动物体内的白内障生长，这对许多动物包括人类来说都是致命的危险。人类如果食用了含羞草，也会引起毛发的脱落，所以不宜在餐厅、厨房等制作食物或用餐的地方养含羞草，以免食物被沾染有毒物质。

救命的含羞草

含羞草就如双刃剑，既有毒，也有益。含羞草在中医学中是治疗神经衰弱、带状疱疹的良药。

夏秋季，如果有人不幸患了带状疱疹，可以采一些含羞草，除去杂草，洗净后切断，取 25～30 克，捣烂后外敷在患处就能很快治愈。而且外敷含羞草还能治疗跌打肿痛、疮疡肿毒等病症。

除此之外，含羞草还有很多药用价值，它有利尿、化痰止咳、安神止痛、解毒、散瘀、止血、收敛等功效。经常感冒，或者患有急性结膜炎、支气管炎、胃炎、肠炎、泌尿系结石、疟疾以及神经衰弱等病症的朋友，可以遵照医生的嘱咐服用含羞草。

含羞草的各种药效早已被具有钻研实践精神的古人发现了。古医书《本草求原》记载含羞草可以"敷疮"，《生草药性备要》认为它能"止痛消肿"。不过含羞草并不能随意食用，使用前一定要仔细询问医生。

思维小故事

难觅电话机

下班回家，斯科特警长准备休息一下。不一会儿，他靠在沙发上打起鼾来，可是电话却"丁零零……"响了起来。

电话那边一个人焦急地说："斯科特警长吗？我是生物研究所的吉尔，我的同事格里刚才在家给我打了电话，说与女友感情破裂想要自杀，然后就把电话挂断了。我想到事态严重，又不知道他家地址，就马上给您打电话了。"

斯科特让吉尔马上赶到警察局，同时打开电脑，查到了格里的地

址，然后和吉尔会合，赶到了格里家。

他们敲了几下门，里面没有反应，斯科特警长用力撞开门，冲进去一看，格里吊在客厅的梁上，已经断了气。吉尔号啕大哭起来："我的好朋友啊，你为什么要想不开啊，都怪我来晚了一步啊！"

斯科特警长戴上手套，开始检查现场。过了一会儿，他想打电话给法医，让他来检查尸体，可是环顾四周也看不到电话机。他就拿出一张纸，在上面写下法医的电话递给吉尔："帮我打个电话，快！"

吉尔接过纸条，立刻奔到二楼，走进卧室去打电话。等到他打完

电话下了楼，就听到斯科特警长轻蔑地对他说："吉尔先生，你这真是自投罗网啊。"

斯科特警长从哪个细节发现吉尔是凶手呢？

参考答案

吉尔说他不知道格里的家在哪儿，可是他对格里家的布局却了如指掌，知道电话在卧室里，从这一点可以说明他是在说谎。

拿起你的放大镜

第六章 "全能"猫

史册有猫

猫是与人类最亲近的动物之一。许多人把猫视为宠物、朋友，甚至是家人。

猫在很早的时候就被载入史册，悠悠历史长河中经常可见到它们的足迹。

世界上对猫的最早记载，莫过于中国西周时代的《诗经·大雅·韩奕》之中的"有熊有罴，有猫有虎"。此时的猫，与熊、虎之类凶狠的动物并列记载，显然不是我们所说的小猫，很有可能是一种十分剽悍的猫类。

此后各类著作中关于猫的记载越来越多。战国时期的《庄子·秋水》中记载"骐骥骅骝，一日而驰千里，捕鼠不如狸狌"，其中的狸狌指的便是猫。书中将猫与良马进行对比，说明家猫如同良马一样值得信赖。西汉初的《礼记·郊特牲》中有云："古之君子，使之必报之，迎猫，为其食田鼠也。"可见，此时猫已经能够捕捉田鼠了，功能与现代的猫相近。

除了我国的史册中有关于猫的记载以外，其他国家也有着不少记录。3000年前的埃及，就已经出现了被驯化的猫。开始的时候，人们只在尼罗河的上游驯养，利用它们捕捉一些小动物。

后来，粮食过剩、鼠患暴发，猫才开始捕捉老鼠，成为"真正的猫"。当时埃及人对猫十分重视。为了保护它们，国家制定了严厉的法律规章，凡是杀猫者都处以死刑。一些贵族的猫死后，还会用葬礼安葬，十分奢侈。

但是在中世纪的欧洲，猫儿却遭遇一场惨烈的屠杀。它们被视为女巫和魔鬼的伙伴，被捕被杀，险些绝种。所幸大量的猫被捕杀后，老鼠横生，鼠患、鼠疫不断暴发，人们才意识到猫的重要性，开始驯养它们，消灭鼠患。但仍然有些欧洲人将猫儿视为不祥的动物。日本人则和欧洲人不同，他们视猫为守护商业繁荣的吉祥物。

但是古人记载的猫，都不是我们现在看到的猫的祖先。我们饲养的猫的祖先是印度的沙漠猫。沙漠猫在距今1000年的汉明帝时期传入中国。

当时的交通非常发达，为沙漠猫传入我国提供了便利条件。但是他传入中国的时间太晚，所以没能进入我国的十二生肖中。日常生活中，我们要是听到有人说一个人"属猫"，那他的意思是说这个人"嫌贫爱富、感情不专一"。

猫虽然没有进入中国的十二生肖，但却进入了越南的十二生肖。越南的十二生肖之中没有中国十二生肖中的兔子，取而代之的是猫。

这并不是因为越南故意要与中国不同，而是因为，十二生肖在刚传入越南时，当地人误将"卯年"当成了"猫年"，所以才将猫列为十二生肖之一。当然，这只是传闻，并未得到证实。

关于猫儿有一些有趣的习俗。华人的葬礼，一般忌讳猫的出现。猫出现在灵柩旁，或者越过尸体，这会被认为是不吉利的象征。

"猫"在我国语言交流中有着复杂的寓意。大家有时会称呼个性温柔，喜欢撒娇的女人为"猫"，称呼一些上不了台面的泛泛之辈为

拿起你的放大镜

"阿猫阿狗"。一些地区将做事利索不招摇的人为"黑猫",而个别男人常用"哪有猫儿不偷腥"来为自己外遇辩护。

猫　声

大家都听过猫的叫声,是不是觉得它们就是在不断的"喵喵喵"乱叫?

事实上,猫并不是只是在"喵喵喵"地乱叫,猫声之中蕴藏着意味深长的含义。当猫心情愉快时,它的叫声一般是欢快的呜呜声;在不悦甚至愤怒的时候,叫声会变成低沉的嘶吼声。

可是猫声中特有的咕噜声,却没有人知道是什么含义,不知道猫是如何发出来的。只是猜测,可能是小猫想要喝奶的时候,从喉咙里、声带附近的薄膜振动所发出的声音,可能代表友好、满意和放松。有人则认为这是因为生病和烦躁而发出的声音。

养猫的朋友,最好尝试去理解猫叫声的意义。只有这样,你才能够真正知道猫儿的需要,博得猫儿的欢心,与它成为好朋友。

不过,饲养小猫可不是容易的事。想要照顾好它们,一定要考虑小猫的喜好、习性、情绪等各种因素。否则,小猫就会像淘气的婴儿一样不断地给你添麻烦。小猫的心中并没有恶意,它们是在不断尝试与你沟通。如果你一直不能理解,那么小猫也是会失望和伤心的,甚至可能会因此而冷淡你、疏远你。

猫的语言

说到猫的语言,你可能会觉得奇怪:猫的叫声不就是猫的语言吗？

是的，猫的叫声是猫的语言之一。除此之外，猫还有肢体语言。猫的叫声和猫的肢体语言并称为猫的两大语言。

猫的肢体语言十分丰富，能够表达它们的情绪，有着深刻的内涵。

当你发现小猫竖起了小尾巴，这是小猫在撒娇，希望母猫舔舐它的屁股。

当你发现猫儿眼睛半眯，耳朵微微倾斜，尾巴轻轻地摆来摆去，脚掌上下轻轻搓揉，这说明它十分放松、心情很好。

当猫儿被信任的人抱着，它们会缓慢地摆动自己的尾巴，表示它完全处于轻松无虑的状态下。

有时候猫儿会花长时间清理自己的身体，这也说明猫儿非常轻松自在。

如果猫躺在地上滚来滚去，将自己最脆弱的腹部朝上，这说明它们非常信赖周围的人。只是，千万不要随便摸它的肚子，这样可能会让它对你失去信任。

如果有猎物吸引了猫咪的注意，它们便会竖起耳朵接收讯息，然后会使用瞪眼、专心凝视等方法，来对付猎物或可能出现的威胁。然后，它们会停下来，观察猎物的实力，心中保持警觉。打败对手后，它们会卷起尾巴，垂下耳朵或胡须，身体缩成一个小团，十分有趣。

猫在极度恐惧或生气时，尾巴会快速的左右摆动，耳朵紧紧贴在脑袋上。瞳孔放大，嘴巴张开，胡须向前翘起，露出牙齿，拱起舌头，发出凶狠的嗞嗞声，恐吓敌人。

如果猫儿想逃跑，它们还会虚张声势一番，弓起身体，倒竖尾巴，毛发也全部都倒竖起来，狠狠地盯着对手，以此来吓退对手。

如果猫的尾巴轻弹，处于迷惑状态，表示它正在思考。如果猫儿感到紧张，尾巴便会下垂，被毛放松。

拿起你的放大镜

这些都是猫的语言，是猫儿与同伴、其他动物以及人类进行交流的方式。虽然有的肢体语言不容易理解，但是当你看到猫儿高高翘起尾巴，喉咙里发出低吼声，一定很容易判断出猫儿正处在愤怒之中。这时候，千万不要去招惹猫，否则可能被它抓得伤痕累累。

猫的地域性攻击，也是肢体语言的一种表现。它们是地域性很强的动物，就像老虎、狮子一样，会利用尿液标记自己的领地，告诉同类和其他动物，这是它的地盘，严禁入内。

除了尿液之外，猫还有一种方法来标记自己的地盘。猫的耳朵后侧可以分泌一种气味，这种气味只有猫才能够闻到。猫儿会在自己的物品、领地上蹭上这种气味。俗话说"被猫发明信片"，指的就是被猫蹭上味道了。

一旦有陌生的猫侵入它的地盘，猫儿会积极抵抗入侵者。它会对着入侵者怒视、嘶吼甚至咆哮。如果入侵者还没有识趣离开，作为领地主人的它就会发动直接攻击，直它将入侵者赶出地盘为止。

大家都知道，猫和狗是天敌。不过，这并不是因为它们体内基因有所不同，而是因为它们之间的"肢体语言"容易使对方发生误解。当小狗抬起前爪，这是传达一种友好的邀请，意思是："我们一起玩吧。"而同样的动作，在猫儿看来却是在下逐客令，意思是："滚开，否则我可要不客气了！"

而猫儿在舒服惬意时所发出的呼噜声，在狗的符号系统中传达的却是截然相反的威胁意味。这样天差地别的肢体语言当然会造成误会不断了。

猫和狗在肢体语言上存在许多误解，但只要经过训练，猫和狗完全可以理解对方的语言，实现和睦相处，甚至成为好朋友。

猫　迷

猫拥有众多的粉丝。猫迷们为猫举行展览、举办比赛，新奇想法层出不穷，让猫成为世界上第二受欢迎的宠物。

最早的猫展可以追溯到 1598 年英国的温彻斯特，规模不大，也并不正规，参加展览的猫有多少种类、规则如何，这些都已经无法考证。但这次猫展却开了猫展的先河，吸引许多人争先恐后加入猫迷的行列。

第二次猫展于 1861 年在英国伦敦举办。此后，各式各样的小型猫展不断地展开，猫展进入了一个快速发展的时期。猫迷的队伍不断扩大，被养育的猫儿数量急剧增加，一时间，成为英国最受欢迎的宠物。

随着养猫运动的深入开展，1871 年的 7 月 13 日，世界上第一次正式猫展终于举办了。

这次猫展在伦敦的水晶宫举办，一共展出 160 只猫，展出数量超过了以往任何一次猫展。而且，此次的猫展依据毛的长短、颜色的不同对猫进行了分组，初步形成了相关的会展规则。

值得一提的是，这次的猫展并非是私人举办，而是由相关组织主办的。这次猫展的审查员之一哈瑞森·瓦尔，早在猫展举办前一年就有了相应的计划。他进行了充分的准备，精心挑选颜色不同、毛发长短不一、外表不同、叫声不同的猫儿，有计划地保留和培育，追踪记录各品种猫的血统根源。

作为第一次正式举办的猫展，这次展出意义重大。虽然这次活动没有用照相机或者是摄影机拍摄留念，可是却被请来的画家记录了下来。

猫展的活动范围并不局限在英国，其他国家和地区在同一时期也多次举办了猫展。19世纪60年代，美国的新英格兰地区的农场举办了一次小型猫展。这种私人猫展持续了30多年，1895年被突然来到美国的英国人詹姆斯·海德升级为正式猫展。

那次猫展是在纽约的麦迪逊花园广场举办的，是美国历史上第一次正式的猫展，彻底打开了美国的猫迷世界。4年后的1899年，芝加哥猫会成立，这是美国的第一家猫会。1906年，美国的猫迷协会成立了。为了宣传刚刚成立的猫迷协会，同年分别在水牛城和底特律举行了猫展。

随着猫迷队伍的迅速发展壮大，1910年，英国成立猫迷管理委员会，处理越来越繁杂的猫展事宜。

经过100多年的发展，目前猫迷协会几乎遍布全球。除了上文提及的猫迷协会，还有美国本土最大的爱猫协会，以及国际猫协会、加拿大猫协会、欧洲猫办联盟，和澳洲的维多利亚猫只管理委员会等众多协会组织。中国也是有着中国爱猫者协会这样的组织的，朋友们有兴趣可以去了解一二。

比赛制度

有如此之多的猫展，朋友们是不是想知道猫展到底是如何举行的呢？

全世界猫展的比赛制度并非完全相同。其中，分组分类方式便有所不同：有的是按照年龄进行分类的；有的按照种类分类；有的则按照毛色分类。

目前较通用的是美国猫咪协会的比赛制度。这项比赛制度包括了许多分类方式，包括按照年龄分类和职能分类等多种比赛组。

大致说来，参赛猫一般被分为三组：一是观赏组，是观赏性较高的猫类分组；二是非冠军组，这一组的猫不需要进行注册登录就可直接参加比赛；三是冠军组，必须是未结育的猫在注册后方可参加比赛。

观赏组门槛极低，入选的猫儿们并不参加比赛项目，更多是为了让参观比赛的人能够休闲放松，同时展示各自爱猫的风采。

入选非冠军组的猫，按照年龄分为幼猫和老猫；按花色分为花色组和混血组，还有一类家庭猫是按照职能来分的。

这些都隶属于参赛组，还有一个参考组，入选其中的猫是已经登录但是却不参加比赛的猫儿。

参选冠军组的猫，它们的目标是为了获得"总冠军戒指"，这些猫通常竞争力极强，魅力独特，能够给观众带来巨大的视觉冲击。

分组完毕，猫就可以参加比赛了。比赛的方式很简单，比如说花色组比赛项目便是猫儿的颜色，老猫组以老态龙钟模样最佳者取胜。每一组参选猫都设有裁判，进行评分。猫儿所得分数越高，排名就越靠前。

猫展比赛开赛时间一般在中午，参赛猫应该提前一小时甚至更早到达赛场，进入主办方提供的笼具，然后在候赛区等候比赛。候赛区也比较适合观众近距离欣赏猫儿比赛。

参展期间，观众们不仅可以尽情观赏各类可爱猫种，还可以和其他参赛的猫的主人交流育猫经验。朋友们若有机会参加猫展，一定要注意自觉遵守观赛规则和礼仪，爱猫护猫。

医药价值

猫展上的猫儿光鲜艳丽，耀眼夺目，犹如明星，备受瞩目。它们

不仅是人类的宠物，给我们带来欢乐和心灵的慰藉，更具有一定的医疗价值，能够为我们的医疗事业提供巨大帮助。

在长达 100 多年的时间里，猫在医学领域为人类做出了巨大贡献。猫能够在忍受麻醉、有损头脑的手术的同时，保持正常的血压；它们有与人相似的反射和内部构造，体型较大，成为医学研究的重要标本。

经过长期的医学研究，猫的医疗作用被彻底挖掘出来。医学家们发现，抚摸猫儿能够降低我们的血压，养育猫儿能帮助自闭症患者驱赶寂寞、治疗自闭症。

此外，猫毛屑提取物能培养孩子对过敏原的耐受力。猫毛在空气中的含量较多时，会使一些处在其中的人发生过敏免疫系统麻痹。在患有猫过敏的孩子舌下，放置猫毛屑提取物，逐渐增加剂量，能够培养孩子对过敏原的耐受力。

猫的世界

起初，大部分猫都是野猫，直到后来被人类驯化才成为家猫。家猫产生的时间已经无从考证了，只能根据其畏惧严寒的特点来推测，家猫最先产生在一个较温暖的时代。并由此推测，非洲的野猫和沙漠猫很可能是家猫的直接近亲。

人们在原始人住过的洞穴中，曾发现猫骨头。这说明当时人类可能将猫当作食物；也有可能是当时的猫已经被驯养成了家猫，用以对付老鼠。

上文我们已经提到，埃及在很早的时候就已经出现了农业，粮食过剩容易引发鼠患，家猫也就应运而生了，这可能是最早有记载的家猫了。

公元前 9 世纪，埃及人的家猫养殖驯化方法传入了只有一海之隔的意大利。公元 4 世纪，又从意大利传入了欧洲内陆的法国、德国等地。纯种的短毛猫也就是这个时候产生的。17 世纪，随着大航海时代美洲的发现，猫的驯养方法传入美洲地区。

古时候，家猫养殖在低矮的院落。时至今日，高楼大厦林立，驯养在高楼层的家猫，由于体内隐藏的野性，经常会受到一些刺激。当家猫在阳台上，见到高飞的鸟儿或者飞机，很容易产生冲动，以致从高楼上坠落。

朋友们，你们猜，猫是从五楼坠下来伤势严重，还是从十楼掉下来伤势严重呢？

恐怕所有的朋友都会认为，是从十楼掉下来伤势更严重。实际上，从高层坠楼的猫，比从底层坠落的猫伤势要轻许多。

这是因为，从高层坠楼的猫，有充裕的时间让身体进行 360° 的旋转，让身体呈现出类似于降落伞的形态，借此增加空气阻力，降低坠落时的冲击力。

种类繁多的猫

按照品种，猫可以分类为：纯种猫，混种猫。按照品种，则可以分类为：波斯猫，喜马拉雅猫，土耳其安哥拉猫，土耳其梵猫，布偶猫，阿比西尼亚猫，苏格兰折耳猫，俄罗斯蓝猫，美国短毛猫，埃及猫以及丫猫等 11 种常见品种。

纯种猫指的是八代的猫都是同一品种的猫。由于是近亲交配，纯种猫经常会出现先天性缺陷，不如杂种猫适应能力强。目前纯种猫数量稀少，饲养纯种猫一定要有血统证明书。

杂种猫是与纯种猫相对的定义。它们不如纯种猫那般稀有，因此

拿起你的放大镜

不容易得到认可。它们有的是近亲交配的结果，有的则是毫无干系的猫之间交配繁衍而生，久而久之，出现了变异的基因，就会产生一些新品种，新加坡猫便是新出现的品种。只是大部分的新品种都是在人工养殖下形成的，并不是自然形成的。

杂种猫也被称为混种猫，更被称为米克斯猫，有三色猫、橘子猫、虎斑猫、全白猫、全黑猫和普通玳瑁猫等品种。

现在就给大家介绍一下常见的品种。

波斯猫，顾名思义，起源于波斯。波斯猫长相讨人喜，长毛十分华丽，举止优雅，被誉为"猫中王子"、"猫中王妃"。

据猜测，波斯猫是由短身型的土耳其安哥拉猫繁衍而来。最初，波斯猫的身形与土耳其安哥拉猫颇为相似，略显纤细。经过数百年的繁衍，波斯猫的体形已经发生巨大变化，从纤细变成浑圆，四肢短小。波斯猫眼睛的颜色根据毛色的不同而不同，有蓝色、绿色、紫铜色、金色、琥珀色、怪色。有时候两只眼睛颜色不同，被称作鸳鸯眼，鸳鸯眼的波斯猫大多是白毛。

喜马拉雅猫，是由波斯猫与暹罗猫人工繁殖而来的，集合了两个品种的特点。喜马拉雅猫名字的由来，和喜马拉雅山无关，而是来源于一种和它长相相似、叫作"喜马拉雅兔"的兔子。

喜马拉雅猫大概问世于 20 世纪 30 年代，糅合了波斯猫的柔媚、灵敏，暹罗猫的聪慧、典雅。它的体态近似波斯猫，有长而华美的毛；毛色和眼睛则继承了暹罗猫的基因；性情介于两者之间，集中了暹罗猫和波斯猫的优点，便于饲养，惹人怜爱，尤其适合缺少伴侣、生活较为空虚的人饲养。

安哥拉猫，原产地是安卡拉，据推测可能是波斯猫的祖先。目前除了土耳其还广泛分布外，其他地方已经很少能见到这种品种了。16 世纪时，土耳其的苏丹王曾经将土耳其安哥拉猫作为礼物敬献给欧洲贵族，之后流行于法国、英国等地，成为最受欢迎的长毛品种。

安哥拉猫毛色有褐色、红色、黑色、白色4种，其中白色最为纯正。它们矫捷灵敏，极具个性，厌恶被人抚抱。安哥拉猫非常喜欢玩水，能畅游在溪水、浴池之中，顽皮可爱。

土耳其梵猫，起源于土耳其梵湖，堪称安哥拉猫的支系，由土耳其安哥拉猫基因变异繁衍而成的。

土耳其梵猫毛色很白，不带杂色，只有脑袋和尾巴上的一部分毛色带有"拇指纹"，这是辨别土耳其梵猫的主要的标志之一。

土耳其梵猫聪明伶俐，易于驯养，健壮敏捷。喜欢水是它们的一个明显标志。1955年，一只土耳其梵猫正在土耳其梵湖心无忧无虑地戏水，引起了一个路过的英国人的兴趣，接着便被带回英国饲养，因为它是在土耳其的梵湖畔被发现的，所以取名为土耳其梵猫，在当地受到追捧。之后，土耳其梵猫传入美国，广受欢迎。

布偶猫，又叫布拉多尔猫，是一种人工培育的品种。体型和体重堪称猫中之冠。布偶猫温顺好静，十分友善，这种猫被人抚摸的时候，身体会变得柔软松弛，犹如牵线布偶，十分乖巧顺服。布偶猫有较强的忍耐性，能容忍孩童的抓挠戏弄，是有孩子的家庭的理想宠物。

阿比西尼亚猫，据说是古埃及有"神圣之物"之誉的神猫的后代。也有人认为它的外形、毛色、耳朵和非洲山猫十分相似，应该源于非洲山猫。

目前的阿比西尼亚猫，是英国士兵从埃塞俄比亚带回英国的猫的后代，经过不断进化和改良，变成了现在的模样。阿比西亚猫喜欢独居，轻盈矫健，善于爬树；伶俐温和，善解人意。爱晒太阳，叫声悦耳；毛发有色带变化，走动时会出现明暗变化，被称为"阿比西尼亚虎斑"。

苏格兰折耳猫，双耳向前且下垂，圆颈大且下颚宽，有鼓胀的双颊，名字也是由此而来的。苏格兰折耳猫性格温和，是猫中的"和平

拿起你的放大镜

天使"，有爱心，也很贪玩，声音柔和，生命力极为顽强。为了避免耳骨变形，两只折耳猫不能进行交配。

再来说说丫猫吧。

丫（nia）猫是四川话，又称为简州猫，体型中等，花色有虎斑、三花、青灰、玉白等，耳朵外沿有子耳。在古代，丫猫高贵品种，常作为贡品进献宫廷。现在的四川成都的龙泉驿区的"衙门巷"就是负责此事的衙门。

最后，说说野猫的分类。

野猫的祖先是已经灭绝的马特里野猫。在几十万年以后又出现了森林野猫、非洲野猫和亚洲沙漠猫等分支。

森林野猫主要分布在欧洲，没有被驯化；非洲野猫生活在地中海附近，是短毛猫的直接近亲；沙漠猫则是主要居住在亚洲，是长毛猫的近亲，后两者均被驯化了。

每个品种的猫都各有特色，你尽可以根据自己的喜好选择。

思维小故事

一张秋天的照片

花海公寓环境优美，路的两边是高大的梧桐树，池塘边有婀娜的柳树，屋前屋后到处是鲜艳的花朵，还有绿毯子一样的大草坪。到了春天，公寓真的好像淹没在花的海洋里。夏天来了，吃过晚饭以后，小伙子和姑娘们，拿着录音机，来到大草坪上跳舞唱歌；年轻的爸爸妈妈们，带着活蹦乱跳的孩子，到游泳池去游泳戏水；老人们则摇着扇子，来到树阴下，聊着老掉牙的故事。

村井探长就住在这幢公寓里，不过他常常很晚才回家，看不到这番景象。今天，他忙完了工作，已经是晚上 11 时多了。忽然，报警电话铃响了，有个男子报案：他的妻子被人杀害了！村井探长问他的地址，真是太巧了，他就住在花海公寓 302 室，是村井的邻居。村井探长记得，男子个子不高，夫妻俩的关系似乎不太好，早上出门的时候，还听到他们在吵架。

他马上带着法医，赶到现场。经过检查，女主人是被勒死的，死亡时间是下午 2 时左右。男主人说："最近我和妻子有些小矛盾，吃过午饭以后，就一个人到公园里去散散心，晚饭也没回来吃。刚才回到家里，发现妻子已经……"他伤心地说着。村井探长问："您下午到公园去，有什么证据吗？"男子拿出一张照片说："我心情不好。就特地在梅花鹿的前面，拍了这张照片。"村井探长一看，男子站在一只雄鹿的旁边，鹿角好像高高的树杈，显得那么威风，更加衬托出男子的矮小。

村井探长看着照片说："你下午并没有到公园里去，快说实话吧！"

村井探长根据什么说男子在撒谎呢？

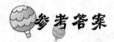

梅花鹿的角，在夏天的时候还没有长大，只有到了秋天或者冬天，才能长得像树杈一样。男子杀害了妻子，用以前的照片欺骗探长，造成下午不在现场的假象。

猫很娇贵

猫是一种娇贵的动物，它的构造十分特殊。

首先来看看猫的消化系统。猫共有 30 颗牙齿，包括 12 颗小门齿、4 颗犬齿，和 14 颗臼齿。这样的牙齿结构有利于猫咀嚼肉类食物，而猫舌上有很厚的倒钩形角质层，有利于猫刮食骨头上的残肉。

猫的胃是单室胃，盲肠小到只能看到一个小小的凸起，肝脏分为 5 个叶。在肛门的方向有一个退化的腺体，被称为肛门腺，能够自动蠕动，分泌肛门腺液，生病的时候则会失去这种功能。

猫的呼吸系统最大的特点是肺部有 7 个肺叶，右边 4 个、左边 3 个。如果猫经常咳嗽的话，那么很可能是有病了。

猫的中枢神经系统很发达，所以，大部分猫都比较聪明。猫的运动能力和反应能力都非常强，这与其发达的神经系统有着紧密联系。

猫对于呕吐感的反应比其他动物更加敏感。如果猫不慎呕吐的话，很可能会呕吐不止，直至死亡。

猫的神经系统决定了它的呼吸系统，猫畏惧严寒的特性就与其呼吸道有关，它们能够适应较大的温差，却难以忍受严寒的冬季。

猫的血型分为 A 型、B 型、AB 型 3 种，其中 A 型血可以接受 A 型和 B 型两种血型的融入，但是对于 B 型血会有部分过敏症状。B 型血的猫只能接受 B 型血，而 AB 型血则是猫血中的万能血，与人类血型及功能相似。

猫的视力在夜晚非常好，可是一到白天，就会因为光线太强受到灼伤，不得不缩窄视野。猫对于三原色的辨别能力也很差。

科学家们发现猫之所以在夜晚视力很好，是与它体内一种叫做牛磺酸的物质有关。经过研究发现，猫本身是不能合成这种物质的，它们必须每日通过食物摄入这种物质，否则一旦体内缺乏牛磺酸，它们就失去夜间活动的能力。而老鼠的体内富含牛磺酸，猫儿为了摄取这种物质，就天然地要以捕食老鼠为食。或许这是猫和老鼠之间有世仇的原因吧。

明星猫

作为受欢迎的宠物，猫被影视公司制做成了各种有趣的形象。如哆啦 A 梦、菲力猫、蓝猫、Hello Kitty、黑猫警长、汤姆和杰利、加菲猫、猫女、招财猫、甜甜私房猫等，不胜枚举，为大家所熟知，堪称猫界明星。

这些猫虽然不是真实的存在，却给人们带来了无穷乐趣，它们陪伴着一代又一代的小朋友学习、成长。

"哆啦 A 梦"是一只猫型机器人，来自未来世界。它拥有神奇的百宝袋，可以变出各种奇妙的道具，一次又一次帮助朋友大雄解决了各种困难。它的故事将人们带进一个奇妙、梦幻的世界。作为日本动画片中的经典角色，深受青少年喜爱。

还有一只来自中国的神奇猫，他的名字叫做蓝猫。蓝猫的成名作是《蓝猫淘气3000问》。这是一部动画片，主角蓝猫活泼好动，充满求知欲。

通过这部动画片，蓝猫让许多观众学习到了许多知识，了解到了很多生活常识。知道了煤气引起中毒，原因是煤气中含有一氧化碳这类有毒气体；知道了乒乓球的双打和单打，比赛要求是不一样的；知道了遇到危险逃跑和自救的方法。

《蓝猫淘气3000问》问世后，蓝猫一夜成名，随后出现了《蓝猫龙骑团》、《蓝猫西游记》以及《咪咪找妈妈》等一系列的动画片，将蓝猫真正捧为中国猫界的大明星。

蓝猫名声传到了我们敬爱的温家宝总理耳中，得到了极高的评价。这也使得蓝猫成为中国第一只受到总理赞赏的猫。

此外，明星猫还有可爱娇艳的 Hello Kitty、足智多谋以及冷静睿智的黑猫警长、自作聪明总被老鼠欺负的杰利猫等等我们耳熟能详的明星猫。

除了这些动漫明星猫，还有一些文学界、艺术界的猫明星。如郑智化歌曲中的《猫》、名画家凡·高的名作《猫》、作家老舍的《猫》、郑振铎的散文《猫》、韩国恐怖电影《猫》以及歌剧《猫》。这些作品造就了一只只明星猫，它们之中有的朴素纯真，虚伪狡诈，有的流传至今，影响深远。

思维小故事

泄密的秘书

昂奈先生在K公司工作，担任总经理的秘书。由于他工作出色，总经理非常赏识他。他的理想，就是有朝一日，也能坐上总经理的宝座。K公司有个竞争对手，就是H公司。最近，K公司试制了一种新产品，它的资料是绝密的，万一被H公司得到，就能把K公司斗垮。总经理把写新产品报告的任务，交给了昂奈先生。

可就在这关键的时刻，昂奈先生出现了意外，那天他上班的时候，大楼的电梯坏了，为了抓紧时间，他从一楼往八楼跑，跑到六楼的时候，踩上了一块香蕉皮，脚下一滑，把右脚跌骨折了。幸好清洁工鲍比跑来，把他背下楼，送到了医院。医院给他的右脚打了石膏，他不能上班了，但是他向总经理提出，在家里继续赶写报告，请鲍比帮他料理家务。

这天下午，他趴在桌子上，埋头写报告。吃晚饭的时候，鲍比给他端来饭菜，放在离开他3米远的茶几上。资料的文字很小，离开那么远，鲍比是看不清楚的。到了半夜，昂奈先生感到很困，鲍比端来一杯葡萄酒，体贴地说："昂奈先生，您喝一杯酒，提提神吧。"昂奈先生一口喝了，顿时感到精神十足。他把酒杯放在桌子上，继续写报告，一直到第二天凌晨，报告终于写好了！

过了不久，K公司的新产品上市的前一天，H公司竟然抢先推出了这种新产品！经过调查，原来是昂奈先生泄的密。他丢了工作，

"总经理之梦"也彻底破灭了。

昂奈先生在家里写报告的时候泄密了，可是，他是怎么泄密的呢？

参考答案

清洁工鲍比是 H 公司的经济间谍。他让昂奈先生跌成骨折，又把玻璃酒杯放在桌子上，酒杯好像放大镜，把很小的文字放大了，鲍比离开很远，也能看清楚。

猫的养殖方法

家养猫只是野生的斑猫的表亲，是全世界最受欢迎的宠物之一。如今养猫成为都市里的时尚。

说到这里，大家是不是有养猫的冲动呢？下面就来谈谈一些养猫育猫的技巧和方法吧。

首先，选猫的时候，最好选择小猫。千万不要选择 3 个月大甚至更大的猫，这时候的猫已经不适合领养。选择 3 周大的猫较为适宜，或者是 5 周大的也可以。一般来说，大龄猫已经学会了独立，品性习惯也已定型，对于人类的依赖性并不高，一旦相处不当，很可能和主人发生冲突。

其次，大家要记住，猫是一种喜欢睡眠的动物。它们的睡眠时间通常在 12—16 个小时之间，有一些猫的睡眠时间甚至达到了 20 个小时以上。所以，猫儿在睡觉的时候，我们千万不要以为它们在偷懒而去叫醒它们。换个角度看，猫儿长时间处于睡眠状态，实际上大大降低了我们养猫的难度呢。

第三是饮食方面。猫是一种肉食性动物，原则上不吃青草，不过当其身体不适，或者胃部累积过多毛球的时候，野外求生的本能会让猫儿去找寻青草食用，一般它们都只啃食草的叶尖，以此来催吐腹中毛球，缓解身体不适。

如果大家见到可爱的小猫坐立不安、不断寻觅，那么很有可能是它身体有恙。这时候，我们只要找一些嫩绿的草尖给小猫食用即可。

平时给猫准备食物，千万不要喂食含有乳糖的东西，如牛奶，这样会让它们腹泻的。可以准备一些低乳糖的无盐奶酪。

除此之外，高水平、易消化吸收的动物蛋白质、脂肪，及极少量的必需维生素与矿物质都是猫儿健康成长的必需元素。简便的方法是准备一些罐头食品、干饲料或者市场上销售的猫食。

在这里要提醒各位朋友的是，有一些食物是不能喂给猫咪食用的，如巧克力、生花枝、干鱿鱼、洋葱和大蒜等食物。猫咪一旦食用这些食物，后果十分严重，有可能中毒患病甚至死亡。此外，对猫来说，百合属的植物也有很强毒性，即使只食用少量也可能造成危害。所以，为了猫儿的健康成长，家中千万不要摆放这类植物。

如果你不愿意去市场上挑选猫食的话，也可以自己亲自配食。可用鼠肉、鱼肉、肝脏、鸡肉、兔肉等肉类，加入少量面食、熟马铃薯或白饭调配，其中，鱼和鸡的骨头应尽量取出，肉不可煮太久，且不应加盐等调味料，避免让猫出现脱水现象。

说到水，猫是一种不需要太多水的动物，所以你不要过多地喂水，但是也不能缺水。

除了饮食之外，我们还要时刻关注猫儿的健康。猫的毒素排解能力低，它们可能会患上寄生虫病、传染病和非传染病。这些疾病的来源并不一定是有毒物质，一些对人类无害的物品，也可能影响它们的健康。尤其是下面这类药品，虽然对人类而言是疗效显著的良药，但对猫咪却有巨大危害。

1. 止痛剂扑热息痛，如泰诺林、普拿疼等，即使剂量安全，猫如果误服，也可能产生严重毒害，因为猫缺乏代谢这些药物的酵素。

2. 用来给猫治疗关节炎的阿司匹林，对猫的毒性非常大，切记不要轻易给猫服用。

3. 用来对抗掉毛的落建，是猫儿的致命毒药。

4. 抗冻剂乙二醇，对猫危害极大。

5. 对人类有害的杀虫剂和除草剂，对猫同样有害。

6. 樟脑丸等萘类的化学制品，以苯酚制成的六氯酚、滴露等多种清洁剂，对猫的危害也不小。

最后，我们可以准备线球之类的小玩意儿给小猫玩。因为猫咪不管是何种类的，是否名贵，喜欢玩线球都是它们共同的天性。

掌握这些技巧之后，你就可以成功养育出漂亮健康的小猫咪了。

思维小故事

起火的玻璃房

在伦敦郊区的农庄里，有一位叫作詹姆雷斯的庄园主。他种植着闻名全国的玫瑰。詹姆雷斯对他的玫瑰爱如珍宝，专门盖了自动调节温度的玻璃房，让玫瑰在最好的环境里成长。

盛夏的一天，詹姆雷斯生怕玫瑰给太阳烤坏了，便拿出冬天储存下来的干草铺到玻璃房里，又在草上放上大量冰块，玻璃房的温控系统也调到最低。看着温度表上的22℃，忙活了一天的詹姆雷斯终于松了口气。

到了傍晚，忽然下起了淅淅沥沥的小雨。雨越下越大，一直下到天亮。詹姆雷斯望着难得的雨水，心里充满了喜悦。这真是及时雨啊！气温一下子下降了好几摄氏度，再也不用怕玫瑰给晒坏了。他想在这时候去买点肥料回来，便在中午时分套上马车出去了。

马车刚刚出庄园，他忽然看到庄园里腾起一股黑烟，接着，红色的火苗就蹿了上来，看方位，正是玻璃房所在的地方！他大惊失色，连忙全速赶回去。只见玻璃房的干草已经被点燃，滚滚黑烟将珍贵的玫瑰完全吞没了。等火完全扑灭的时候，玫瑰也烧得差不多了。

"天哪，是谁放了火？"詹姆雷斯大哭起来。

拿起你的放大镜

这是多么惨重的损失啊！他忙着给老朋友亨利探长打电话说："无论如何，请你一定把那个该死的纵火犯找出来！"

探长立刻带领警察赶到现场，可奇怪的是，在现场只有詹姆雷斯自己和两个赶来救火的仆人的脚印，此外连个鞋印子都找不到。

"奇怪了，刚刚下过雨，到处是湿漉漉的泥，怎么说也应该留下一些脚印吧。"一个警察说。

探长接着询问在附近劳作的仆人，他们也都起火时玻璃房里没有人。詹姆雷斯悄悄地向探长询问："怎么会这样，难道是幽灵来放火？"探长摇摇头。围着玻璃房绕了一圈。

忽然，探长注意到玻璃房顶部有一圈圆形的凹槽，这些凹槽围绕着房顶边缘排列，非常整齐好看。"这些是透水孔，"詹姆雷斯见探长注意，便在一旁解释道，"是用来让房顶积水流下来的。"

探长沉思了一会儿说道："纵火犯找到了，并不是什么幽灵，而是这些圆形凹槽！"

"为什么？"詹姆雷斯无论如何也想不通，自己耗费巨资修建的玻璃房，怎么就成了害死玫瑰的凶手呢？

参考答案

玻璃凹槽在盛满了水的时候，就变成了一面凸透镜。太阳光通过这一排凸透镜聚焦到干草上，便引起了大火。

拿起你的放大镜

第七章 "活农药"七星瓢虫

厉害的瓢虫

七星瓢虫是一种对人类有益的昆虫，随处可见。它们最主要的标志是背上天然生有 7 颗黑斑，十分容易辨识。

它的复眼（相对于单眼而言的，由多数小眼组成）呈椭圆型，十分坚硬。下唇形如扁铲。

如果有显微镜在手，我们还能发现：七星瓢虫的两只复眼之间的腭唇基上，密密麻麻分布着大小不一、突起的圆形粒状物。我们只有借助显微镜才能观察到这些突起，因为它们只有十几微米甚至是更小，是我们一根发丝宽度的 1/1000 ~ 1/100。

在复眼的周围分布着许多感觉毛，即昆虫的"汗毛"。这些"汗毛"比人类的汗毛敏感得多，即使是十分细微的变化也能敏锐觉察，传递给大脑神经。

瓢虫的全身都布满了感觉毛与感受器，所以我们在触摸它们时会有细微刺感。

七星瓢虫属于鞘翅目瓢虫科，是很多害虫的天敌，棉蚜、槐蚜、桃蚜、介壳虫、壁虱等害虫都视它为眼中钉。

七星瓢虫能够大大减轻各种害虫对树木和各种农作物的损害，被农民们称为"活农药"。

七星瓢虫喜欢独居，因为样子花俏，所以也被称为"花大姐"。主要分布在蒙古、韩国、日本和欧洲等地，以及我国东北、华北、华中、西北、华东和西南各地区，大多栖居在农田、森林、园林和果园之中。

七星瓢虫会经历卵、幼虫、蛹、成虫四个阶段。在第一个阶段，七星瓢虫的卵呈橙黄色，两端较尖，成对排列在棉花叶的背面，有几十近百颗，数量很庞大。

它的幼虫阶段又被分为四个小阶段，包括一龄、二龄、三龄和四龄。一龄的幼虫体长大约2~3毫米，全身呈黑色。二龄的幼虫体长4毫米，脑袋和四肢呈黑色，身体呈黑灰色，前胸左右后侧角呈黄色，有黄色和黑色的刺疣。三龄的幼虫体长7毫米，身体呈现灰黑色。四龄的幼虫，体长约11毫米，身体呈灰黑色，前胸背板前侧角和后侧角有橘黄色斑。腹部第一节和第四节左右侧刺疣和侧下刺疣均有橘黄色斑，其余刺疣都是黑色。

当瓢虫成长到蛹的阶段，身体长度生长到7毫米左右，宽5毫米，身体呈黄色，前胸背板前缘有4个黑点，中央两个呈三角形，前胸背板后缘中央有两个黑点，两侧角有两个黑斑；中胸背板有两个黑斑；腹部第2~6节背面左右有4个黑斑。

成虫的身体长度在5.2~6.5毫米之间，宽度在4~5.6毫米之间，身体呈椭圆形，背部弓起，呈水瓢状，脑袋、复眼以及四肢都是黑色的，上额外侧为黄色。

七星瓢虫只有玉米粒大小，但却有自己的秘密武器，足以对付天敌。在它三对细脚的关节上藏有"化学武器"，每次敌人来袭，它们的脚关节就会分泌出一种难闻的黄色液体，熏得敌人无法忍受，被迫掉头逃走。

拿起你的放大镜

一旦碰到无法应付的敌人和危险的时候,七星瓢虫还会装死瞒过敌人逃生。它们会从树枝上掉落在地,三对细脚收缩在肚子底下,以此迷惑对方,瞒过敌人,胜利脱险。

除害虫的七星瓢虫

在 20 世纪的 70 年代,黄河下游种植的棉花和小麦受到了蚜虫的侵害。为了消灭蚜虫,当地的政府千里迢迢从外地请来了蚜虫的天敌——七星瓢虫,有效地抑制了蚜虫的泛滥。

90 年代,人们开始对七星瓢虫进行人工繁殖,利用七星瓢虫除害虫的做法很快推广到了全国各地。

七星瓢虫的平均寿命为 77 天,一年大约能繁衍 6 代。每只七星瓢虫最少产卵 500 颗,最多可达 4000 多颗,每天产卵的数量介于 70～200 颗之间,数量庞大。七星瓢虫家族成员众多,所吞食的害虫数目自然不少。

我们以烟蚜为例计算:一龄幼虫平均能够吞食 10.7 只烟蚜,二龄幼虫吞食 33.7 只,三龄幼虫吞食 60.5 只,四龄幼虫吞食 124.5 只,成虫吞食 130.8 只。一只七星瓢虫在一生中,可以进食上万头蚜虫。不过,它们捕捉猎物的能力还和所处环境的温度有关,高温度能够大幅度提升它们的捕食能力。

当然,并非所有的瓢虫都是善类,其中有一些瓢虫是害虫。虽然俗话说"近朱者赤,近墨者黑",不过我们不必担心七星瓢虫会被有害的瓢虫同化,也不能期望七星瓢虫能够感化有害的瓢虫。因为瓢虫之间有一个习性,那就是害虫和益虫彼此互不干扰,更不通婚,各自保留特性。

七星瓢虫是很容易发现并捕捉到的。冬天,我们可以在小麦油菜的根茎里寻找到七星瓢虫。为了保暖御寒，它们会选择日照较好的环境过冬。这时的七星瓢虫是无法动弹的，很容易捕捉到。

度过了漫长而寒冷的冬季后，七星瓢虫便开始活动，随着天气逐渐变暖，它们的活动范围也越来越广。柳树、花丛等地随处可见到它们的身影。尤其在燥热的夏天，七星瓢虫无处不在。玉米地、萝卜地、白菜地更是它们的玩乐场。不过，在早晚气温较低时，七星瓢虫很少外出，你可以在温度最高的中午外出捕捉它们。不过，气候温暖的季节，七星瓢虫活泼好动，飞来飞去，难以捕捉。

用力过度会将七星瓢虫捏死，所以要注意保护七星瓢虫。七星瓢虫有假死的习性，只要感受到危险，它便会一动不动，想装死骗过敌人。这时候，我们只要轻轻一拨，便可手到擒来。

如果七星瓢虫不诈死，你可以连同七星瓢虫栖息的树枝和树叶一起摘下来，只要动作足够温柔，七星瓢虫是不会飞走的。

捕捉到七星瓢虫后，可以放在一个袋子里，将出口封死，然后用细针扎出一些细小的孔洞，让它们得以透气。这样，你就可以拿起你的放大镜，好好观察七星瓢虫啦。

注意：七星瓢虫是人类的好朋友，千万不可伤害它们，观察完毕要把它们放回大自然。

释放成虫，也就是我们平常见到的七星瓢虫，最好选择傍晚时分。当时气温较低，光线较暗，释放出去的成虫不易迁飞，操作方便，也便于你观察自由活动的七星瓢虫。

释放七星瓢虫的幼虫则相对复杂一些，要掌握四个技巧：

第一，掌握好释放时间，以傍晚为宜。因为傍晚气温较低，光线较暗，七星瓢虫活动性较弱，容易操作。

第二，采用成虫和幼虫混放的方式。因为幼虫没有迁飞能力，不会逃逸，而它也有吃蚜虫的本领。

第三，释放前一天不要喂食，这样在释放当天就可以降低七星瓢

虫的活动能力。

第四，选择适宜的环境释放。稻田是七星瓢虫的主要栖息地。选择稻田释放它们，能够让它们安心，并很快适应。

"天线" 触角

七星瓢虫有两个触角，就好像是电视的天线一样，作用巨大。七星瓢虫经常左右上下不停摇动触角，这两只触角就如同雷达一样，时刻在接收和发放信息，就好像我们熟知的天线宝宝一样。

触角之所以有如此功能，主要因为触角上有许多感觉器和嗅觉器。这些感觉其和嗅觉器与触角窝内的感觉神经末梢连接，而且直接与中枢神经关联，十分灵敏。

这些触角能够感触到物体和气流，嗅到各种气味，即使距离较远，也能一一感触，不必靠近目标。这样，七星瓢虫就可以很好预测到是否有危险逼近，同时能有效提高寻找食物的效率。这两只看似微不足道的触角，却是增强七星瓢虫竞争能力的利器。

它们犹如七星瓢虫的"卫星"，可以帮助主人轻松寻找到食物、避开危险，立于不败之地。

当外界发生波动，刺激感被触角感触到后，与触角相连接的中枢神经便会立即做出反应，指导它们如何应对、趋吉避凶。

现在，就让我们一起来看看七星瓢虫的触角到底是何模样。

与大部分昆虫相同，七星瓢虫触角生长在头部。瓢虫的顶部有两个中等密度的均匀细小刻点，长有触角共11节，背面有稀疏不齐的毛发。触角的柄节粗大，所以上面有很多的细小的感觉毛和颗粒状突起。触角一节一节，形如竹子，两个节杆交结之处分布着更多的突起和感觉毛。尤其第十一节的顶端，感觉毛异常稠密、工整，并分布着许多嗅觉感触器。

正是凭借着这些感觉灵敏的感觉毛和感受器，七星瓢虫才能够躲避危险，安然存活。

各式各样的触角

除七星瓢虫之外，还有许多动物也生有这种触角。它们的触角有着异曲同工之妙。如：菜粉蝶的触角，能够灵敏地察觉空气中芥子油的气味，从而快速寻找到它最喜爱的十字花科植物来食用；嗅觉最灵敏的印第安月亮蛾则能通过触角感触到 1000 米外的配偶产生的性外激素；姬蜂的触角能够扫描到害虫散发的微弱红外线，从而准确无误地找到躲藏隐蔽的寄主，将之消灭。

除此之外，触角还有一些有趣的作用。在水中生活的仰蝽在仰泳时，会展开触角用以平衡身体；水猴子的触角能够用来呼吸；萤蚊的触角可以帮助捕捉猎物；芫菁的触角在交配时用以拥抱对方。

不同昆虫的触角在形状和长短上千差万别。

新几内亚天牛拥有昆虫界最长的触角。长达 20 厘米，是昆虫界的"吉尼斯纪录"。

当然，并非所有的昆虫都有触角，一些昆虫虽然没有触角，却同样有着自保手段，有的体型庞大，有的飞行迅速，生存竞争力并不亚于有触角的昆虫，所以你大可不必以"触角论昆虫"。

昆虫的触角"长相"千差万别，大致可分为以下十二类，感兴趣的朋友可以对号入座，试着通过观察触角来辨认昆虫。

1. 刚毛状，短小坚固，蝉、飞虱和蜻蜓等的触角呈此形状；

2. 丝状，仿佛一条丝线，末端的两节较为特殊，蝗虫和蟋蟀等触角形同此状；

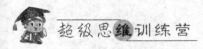

3. 念珠状，好像是一串佛珠串连在一起，如白蚁的触角；

4. 锯齿状，由无数的金色小三角组成的触角，看起来十分锋利，如锯天牛、叩头虫和芫菁等的触角；

5. 栉齿状，鞭节有细枝状突出，如新芽一般。绿豆象雄虫、一些甲虫和蛾类雌虫的触角便是如此；

6. 羽毛状，鞭节突出，状如羽毛，如毒蛾、樟蚕蛾和许多蛾类雄虫的触角；

7. 膝状，柄节特长，梗节细小，如蜜蜂的触角；

8. 具芒状，短而粗大，如蝇类的触角；

9. 环毛状，生有一圈圈明显的细毛，如雄蚊的触角；

10. 棍棒状，又被称为球杆状，形状如同棒球杆，越往上越粗，如蝶类的触角；

11. 锤状，形如铁锤，如露尾虫、郭公虫和皮蠹的触角；

12. 鳃片状，有数片鞭节呈现细薄片现象，这些薄片相互叠在一起，如鱼鳃，亦如金龟甲的触角。

第八章　显微镜下的细菌

显微镜下的细菌

细菌，寄生在几乎所有动物包括人类的体内，吸收着寄主的营养来生存。细菌种类繁多，一些会给人类带来厄运，一些却是治病疗伤的良药。

细菌是生物的主要类群之一，属于细菌域。它们是数量最多的生物，远远超过其他生物。如果将细菌的数量比喻成大海，那么我们人类的数量就是其中一滴水而已。

细菌形体微小，目前已知最小细菌只有0.2微米左右。它们一般是单细胞生物，结构简单，没有细胞核、细胞骨架和膜状胞器。它们不像绿色植物那样有线粒体和叶绿素，因此无法自己生产能量，只能从外界窃取。

细菌分布广泛，土壤中、水中、岩石中、烂草中以及生物的体内都是它们的栖息之地。我们人体上也有着数不清的细菌，数量是人体的细胞总数的10倍之多，只是我们无法看见。

一些生命力顽强的细菌更是不避酷热栖息在温泉、火山，以及环境非常恶劣的放射性物质中，这些细菌非常顽固，通常被称为"嗜极

生物"。意大利科学家就曾在一座海底火山发现过这种生物，数量虽少，意义重大。

它们是单细胞微生物，用肉眼是无法看见的，需要用显微镜来观察。在显微镜下的细菌形状各异，有的呈长条状，有的呈圆形，有的还是四方形的，十分有趣。这里，介绍几种常见细菌：

1. 弧菌。顾名思义，这是一种"弯曲"的细菌，形状类似逗号，属于原核生物。

2. 葡萄球菌。它们的形状犹如一串葡萄，大量堆积在一起。大多数的葡萄球菌都是无害的，只有少数是有害的，属于革兰阳性球菌。

3. 破伤风杆菌。这是一种能够引起破伤风的细菌，属于病原细菌。人若不慎被利器割伤、铁钉刺伤，它们就有可能出现。形状犹如小蝌蚪，脑袋呈血红色，对身体有害。

说完细菌的外部形状之外，让我们来观察观察细菌的内部构造。

细菌结构简单。每个细菌都有细胞壁，厚度一般为 15 ~ 30 纳米，接近于人类的体表皮肤的细胞。

细菌的主要成分是肽聚糖。这是一种双糖单元，是由小分子组合到一起形成的大分子。小分子中包含肽聚糖纤维，相邻的聚糖纤维之间的短肽通过肽桥或肽键桥接起来，好比河的两岸通过桥梁连接；接着形成肽聚糖片层，好像是胶合板，多层黏合，非常结实。

由于肽聚糖是细胞壁的主要成分，所以，凡是能破坏肽聚糖结构、抑制其合成的物质都具有杀菌、抑菌作用，如溶解酶、青霉素等药物。它们能够抑制肽桥的形成，所以当感染病菌需要消炎的时候，医生通常会为我们注射青霉素。

由于细胞结构简单，细胞壁对其生存就具有十分重要的作用，细细数来，大致有以下功能：

1. 能保持细菌外形，提高其机械强度；

2. 细胞壁非常坚固，有助于减少细菌的机械性或渗透性损伤；

3. 细胞壁是传递物质的媒介，两个细胞可以通过细胞壁的相互作用实现信息的传递；

4. 防止大分子及其他有害物质的入侵；

5. 能够协助细胞运动，是细菌运动的主要动力之一。

不过，并非所有的细菌都是有细胞壁的，比如 L 型细菌、原生质体、球状体以及支原体，这 4 种细菌就没有细胞壁。

细菌的 DNA 遗传

和人类一样，细菌的遗传也是依靠 DNA 来完成的。细菌的 DNA 集中在细胞质中的核质体。细菌中核质体数量一般为 1～4 个，多者可达 20 多个。与叶绿体相似，细菌的核质体也是一个环状的双链 DNA 分子，其中蕴含着大量的遗传信息，有 2000～3000 种可编码的蛋白质，构造简单，没有附属物。

由于细菌体积微小，它们的遗传信息也很少，而遗传信息的缺少决定了其构造简单。

细菌的细胞没有核膜，所以细菌 DNA 的复制、RNA 的转录与蛋白质的合成能够在同一时间进行。细菌细胞的这一特征与真核细胞不同，真核细胞的这些生化反应在时空上是必须严格分隔的。这些反应过程我们可以在显微镜下观察到。

细菌的核区 DNA 是主要的遗传物质，此外还有可以自主复制遗传因子的质粒 DNA。质粒 DNA，包含 2～200 个基因，能自我复制，有时还可以整合到核区 DNA 中。在遗传工程研究中，质粒 DNA 常被用作基因重组、基因转移的媒介，十分重要。

除了壁表之外，一些细菌体内还有鞭毛，这是它们的运动器官。鞭毛一般由鞭毛蛋白中的弹性蛋白组成，与真核生物的鞭毛有着很大

区别。细菌依靠鞭毛，可以弥补其移动性差的缺陷。它们只要像鱼儿摆尾一样，摆动、旋转鞭毛，便能够在广阔的水域自由自在地畅游。

除了鞭毛，一些细菌内还存在菌毛，不过分布不广。菌毛只存在于部分细菌的表面，比鞭毛更细、更硬，只能通过高倍电子显微镜才能观察到。

菌毛分为普通菌毛和性菌毛两类，普通菌毛能帮助细菌吸附、浸染宿主，而性菌毛则是一种中空管子，与传递遗传物质有关。

细菌的双面性

说到这里，大家是不是认为细菌是一种有害的生物呢？事实上，细菌的危害的确很大，它们本身带有一定的传染性。细菌能够引发疾病，让我们的伤口感染发炎，让我们的食物腐烂发霉。

不过细菌并非只有"坏"的一面，它们也有"善良"的一面，能够为人类做出相应贡献。

一个细菌是好还是坏，取决于它的营养方式。细菌的营养方式分为两类：一类是自养；一类是异养。

自养是自己制造出一定能量来维持生命的营养方式。异养是依靠别人能量来生存的吸收方式。

采用不同营养方式生存的细菌，相互之间区别较大，但都存在有益的一面和有害的一面。异养细菌作为生态系统中的分解者，不仅可以分解动物尸体，还可以促进碳循环。但是它窃取别人的能量为自己所用，是一种很"自私"的细菌。

自养细菌有益的一面，是它可以帮助宿主（它寄生的生物）收集其欠缺的营养，在凝聚营养方面有巨大的作用。它们能够帮助宿主废物利用，增强宿主的免疫力。自养细菌有害的一面，则是它们可能会抢夺宿主的营养，使宿主变胖。

此外，不论是自养细菌还是异养细菌，它们都具有一些共同的作用，对人类的生活和医学研究做出了重要贡献。

细菌渗透到我们生活的方方面面。我们在吃面食的时候，会用发酵粉，里面就含有菌类组合体，包含酵母菌、真菌和细菌等菌类，能有效促进面粉发酵。

工人们用传统方法制醋时，会利用空气中的醋酸菌，使酒转变成醋。此外，我们利用土办法制作食物时也经常用到细菌。比如制作奶酪、泡菜、酒、酸奶的过程中，都利用了细菌的分解作用。

除了生活上贡献卓著，细菌在医学上的价值也不可估量。细菌可以分泌抗生素，如链霉素就是由链霉菌分泌出来的。

此外，细菌还是"清洁大使"。国际上经常会用到一种叫生物复育的方法，处理受污染的地下水。这是利用细菌来降解有机化合物，以处理污染物、净化水源。

科学家还曾利用嗜甲烷菌，分解美国佐治亚州的三氯乙烯和四氯乙烯污染物，有效处理了环境污染。大面积的石油污染，因为人工处理不便，只能依靠一些生命力极强的细菌来降解，效果颇为可观。

人体内的细菌

人体内几乎所有器官都有细菌的存在，而大肠是人体内细菌最多的部位。

生活在大肠中的细菌不计其数，其中有一种十分特殊的细菌。这种细菌借助剩余的脂肪酸（脂肪酸被大肠吸收之后多余的部分），迅速生长。这种细菌 20 分钟左右就繁殖一次，增长速度之快，十分惊人。

人体大肠内细菌的能量，是通过转化小肠内的废弃物获取的。这些废弃物是人类自身无法分解转化为能量的。这些细菌在吸收了足够的营养之后，会选择将多余的能量传递给宿主。这就是我们喝酸奶有助于消化的原因。

生存在大肠中的细菌能够分解人体本身不能分解的物质，说明这些细菌已经具备了完整的酶和新陈代谢通道。凭借这个通道，它们能够继续将遗留的有机化合物一一分解。

而大肠内是没有氧气的，所以生活在大肠内的细菌几乎都是厌氧性细菌，它们讨厌有氧气的环境，能够在无氧环境中生存。

这些细菌与人类不一样，不需要通过呼出和呼入氧气来维持机体，而是通过把大分子的碳水化合物分解为小的脂肪酸分子和二氧化碳，以此获得能量。在分解的过程中，可以合成一些 B 族维生素和维生素 K，这些都是我们人体必需的营养物质。

这些合成的维生素数量，比它们自身需要的数量要多得多，细菌吸收部分维生素之后，剩下的维生素便全部提供给了我们人类。整个过程，就是我们通常所说的发酵。这些发酵和分解过程并不是固定不变的，它们会随着我们的身体状况的改变而变化。

但有一点是不变的：经过发酵，那些原本人类无法吸收的物质，就可以被分解转化为便于人体吸收的营养物质，而这些营养物质对于人们强健体魄、充沛精力，助益甚大。

细菌与宿主之间的关系十分复杂，各自既独立又互相影响。随着宿主年龄增长、身体状况发生变化，细菌也会做出相应调整。即使是我们某一次摄入的食物与以往相比有很大不同，也会影响到细菌的种类和数量，它们会敏锐地感觉到外部的变化，及时进行调整。

虽然大肠内的细菌数量不少，但其实，细菌想要侵入人体大肠并非易事。因为大肠位于人体的消化道的后面，细菌要冲破重重"阻碍"，"过五关，斩六将"才能到达那里。

要想进入大肠，细菌首先要进入我们的口腔。口腔内有少量的消化酶，这些消化酶就好像是守门天将，会毫不留情地杀死许多细菌。幸存下来的细菌继续前行，来到胃部。胃里有着大量胃酸和霉素，是人类消化食物的主要地方之一。在这里，又一批细菌不幸"遇难"。留存的细菌们勇往直前，经过小肠。一路上，人类的免疫系统会大肆斩杀"冲关"的细菌。这样，经过生死考验，最后到达大肠的细菌已经所剩无几了，真是一个九死一生的过程。

到达大肠之后，细菌也不能高枕无忧，它们将面临更多问题。首先，它们要忍受人体对它们的侵害；其次，要面临其他细菌的竞争，因为人体内的营养和空间都是有限的，只有少量的细菌才能存活。

此外，细菌想要入主人体还有一个条件，那就是被人体认可，只有那些能够给人类带来益处的细菌才会被人体接受。这些有益细菌，大都可以产生一种有杀菌或抑菌作用的物质，这种物质被称为"细菌素"。"细菌素"是一种抗菌化合物，可以帮助人类抵御有害细菌的侵袭，增强人体免疫力。

细菌发电

细菌在生物科技领域中也有着广泛运用，例如：利用革兰细菌能分辨出许多种类细菌。目前对于细菌的一个创新应用就是细菌发电，科学家甚至预言：21 世纪将是一个细菌发电、造福世界的时代。

利用细菌发电的历史，可以追溯到 20 世纪初期。当时，英国植物学家将金属元素"铂"作为电极，放进大肠杆菌的培养液里，成功制造出世界上第一个细菌电池，这是一个具有划时代意义的实验。

1984 年，美国科学家利用细菌设计出了一种供太空飞船使用的细菌电池。这种电池的电极活性物质，是宇航员的尿液和活细菌，这样

拿起你的放大镜

既能缓解宇宙垃圾，又能节省能源。只不过这种细菌电池放电效率较低，在当时看来不太实用，所以细菌电池研究一直被搁置，直到80年代后期，才得到突飞猛进的发展。

细菌发电的原理是：让细菌在电池组里分解，以释放电子向阳极运动产生电能。具体方法是：利用糖类溶液（如白糖水）作为溶液，用一些燃料作为稀释液，降低溶液里糖类物质的密度。然后在发电期间，不断往溶液里填充气体，可以用管子朝溶液里吹气，同时不断搅拌液体，提高生物系统输送电子的能力。

细菌电池的使用效率高达40%，比我们日常使用的普通电池的效率要高许多，可操作性也很强。

目前世界范围内已经发明了几种细菌电池，而且实用性较强。第一种是由美国设计的一种综合性细菌电池。这种电池，首先让其中的单细胞藻类利用日照，把二氧化碳和水转化为糖，接着电池内的细菌便利用这些糖来发电。

第二种是日本发明的细菌电池。日本科学家将两种细菌放入电池的特制糖浆中。让一种细菌吞食糖浆，产生醋酸和有机酸；让另一种细菌把这些酸类转化成氢气，利用氢气进入磷酸燃料电池发电。

第三种是英国发明的，一种以甲醇为电池液的细菌电池。这种细菌电池以醇脱氢酶铂金为电极。

除了制作简单的细菌电池，人类还能够像建造核电站那样筑造细菌发电站。以往的发电站，由于是利用风能、水能、核能等能源发电，所以只能建筑在大河、大风、深山等一些地理位置和气候特殊的地方，选址受到局限。

一旦细菌发电站建成并成功发电，那么发电站将打破空间局限，无处不在；将彻底解决人类用电困难的问题。

在10立方米的立方体盛器里充满细菌培养液，就可建立一个1000千瓦的细菌发电站，每小时的耗糖量为200千克。虽然发电成本高了些，但这是一种不会污染环境的"绿色"发电法。

如今，科学家们正在研究用诸如锯末、秸秆、落叶等废弃有机物的水解物来代替糖液。如果研究成功，建造细菌发电站的成本就将大大降低。

地位尊贵

"细菌怎么会地位尊贵呢？"

看到这个标题，读者心中一定冒出这个问号，认为细菌的形象与"尊贵"二字实在相差太远。

有这种想法的朋友，可不能"以貌取菌"哦。细菌既能够帮助我们健康成长，又能够广泛应用于各大领域，一旦细菌从世界各个角落消失，从人体消失，那么人类的健康、世界的发展将面临巨大的灾难。因此，说细菌地位尊贵，丝毫不过分。

除了上文已经讲述过的，细菌还有许多功能。科学家们研究发现，细菌能够捕捉太阳能，方式和绿色植物的光合作用如出一辙，这也是细菌电池的原理之一。除此之外，细菌还能反映人体的健康状况，因为细菌反应灵敏，哪怕是一丝变化，也能感应得到。当我们肚子疼痛想上厕所，那其实是细菌在报警，警告我们吃了不卫生的食物，或者着了凉。

科学家们为了便于研究，会使用一些方法培养细菌。这里告诉大家下面几种养殖细菌的方法：

1. 常用的细菌培养基——牛肉膏琼脂培养基

牛肉膏 0.3 克，蛋白胨 1.0 克，氯化钠 0.5 克，琼脂 1.5 克，水 100 毫升，比例适当即可。

将 100 毫升的水注入烧杯，将牛肉膏、蛋白胨和氯化钠一起放入

拿起你的放大镜

其中，用蜡笔在烧杯外做好记号后，放在火上加热。等到烧杯内的各物质都溶解后，加入琼脂，不断搅拌以免粘底，待琼脂完全溶解后补足蒸发掉的水分，用 10% 盐酸或 10% 的氢氧化钠调整 pH 值到 7.2 ~ 7.6，分别装入各个试管。pH 值可以用仪器来测量，不过只要让溶液偏碱性即可，然后加棉花塞，用高压蒸汽灭菌 30 分钟。

2. 常用的细菌培养基——二马铃薯培养基

取去掉脂肪和血管的新鲜牛心 250 克，剁成肉末后，加入 500 毫升蒸馏水和 5 克蛋白胨。在烧杯上作好记号，煮沸后转用文火炖 2 小时。过滤，滤出的肉末干燥处理，滤液 pH 值调到 7.5 左右。每支试管内加入 10 毫升肉汤和少量碎末状的干牛心，灭菌，备用。

3. 常用的细菌培养基——三根瘤菌培养基

葡萄糖 10 克，磷酸氢二钾 0.5 克，碳酸钙 3 克，硫酸镁 0.2 克，酵母粉 0.4 克，琼脂 20 克，水 1000 毫升，1% 结晶紫溶液 1 毫升。

先把琼脂加水煮沸溶解，然后分别加入其他组分，搅拌使溶解后，分装，灭菌，备用。

这三种方法操作简单、取材方便，我们在家里就可以尝试。不过，各位朋友要注意，细菌和病毒是有着天壤之别的，千万不要将它们混淆，否则会贻笑大方的。

第九章　美丽神奇的蝴蝶

复　眼

朋友们，我说一种动物，大家来猜猜看它是什么？

它们有一双色彩鲜艳的翅膀，全身上下布满无数的艳丽花斑，头顶一对美丽的触角，如同一对锤子。它们经常翱翔在花丛中，翩翩起舞，赏心悦目。

是的，它们是蝴蝶。

全世界大约有 1.4 万种蝴蝶，大部分分布在热带地区。据说，世界上最大的蝴蝶，展开翅膀可以达到 24 厘米以上，最小蝴蝶展开翅膀只有不足 2 厘米长。

除了拥有靓丽的外表，蝴蝶还拥有一双美丽的眸子，称为复眼。世界上很多动物都有复眼，蝴蝶、蜻蜓、蜜蜂、萤火虫、金龟子、蚊子、蛾子等昆虫，以及虾、蟹等甲壳动物都长着复眼。

蝴蝶的复眼和我们的眼睛完全不同。人类的眼睛由瞳孔和眼白组成，而蝴蝶的眼睛，则由一个个如同葵花子般的小格子堆积而成。这些小格子分布均匀，排列整齐。这些小复眼数量多达数千个，视野宽广，让蝴蝶几乎不用转动脑袋，就能照顾到 360° 的各个角落。

拿起你的放大镜

这些小格子都是蝴蝶的眼睛，是集光器，小巧玲珑，好像是凸透镜一样，被称为角膜镜（与我们的眼角膜非常相似）。这些小格子与视觉神经直接相连，可以很快将收集到的信息，传输到视觉神经，进而传递给大脑，方便快捷。

不过蝴蝶的复眼也有缺点。蝴蝶眼中的影像都是"点的影像"，有多少个复眼就有多少影像，直到传输到了大脑"总部"才会组合到一起，就好像是我们的多方位电视一样。

将蝴蝶的眼睛放到显微镜下观察，我们可以发现，许多多棱小眼睛就像奇妙的万花筒，聚集在一起，叹为观止。

但是，别看蝴蝶的复眼有数千只小眼睛，视力却不如人类好，这是因为蝴蝶的视线不如人类视线集中。一般来说，蜻蜓视野范围是1~2米，苍蝇是40~70毫米，而蝴蝶不过数米。

虽然蝴蝶的视力不是很好，但它们可以像人类一样，分辨出不同的颜色，但与人类能够感受到的波长不同。

值得一提的是，蝴蝶是由两个复眼和一个单眼组成的，这与一些具有复眼的动物是不同的。大家可以试着抓住一只蝴蝶，看看它们的眼睛到底长的是什么模样。

要知道，正是这些不起眼的复眼，启发了人类照相机和摄像机的发明创造呢。一旦科学家们研究制造类似蝴蝶眼睛这样的摄影器材，那么实现全方位摄像将成为现实。

阴阳蝶

蝴蝶一生要经历四个发育期，分别是卵、幼虫、蛹以及成虫四个时期。

蝴蝶卵，大多是圆形或椭圆形。卵表面有一层蜡质壳，能够有效防止水分挥发。成虫通常会将卵安置在幼虫喜欢吃的植物叶面上，一旦它们发育为幼虫，便能立刻吃到鲜美的食物。

蝴蝶从卵中孵出来之后，会将成虫为自己准备的食物吃掉，然后经历几次蜕皮的过程，最后进入蛹期。

幼虫在成熟之后会变成蛹，它们一般悬挂在叶子的背面，不断地吐丝，将自己彻底保护在里面，这是一个变态发展的过程。

成虫时期的蝴蝶，就是我们平常见到的美丽蝴蝶。从蛹中爬出来的成虫，由一个丑陋的虫子变成了一只美丽的蝴蝶，模样与幼虫时期的模样已经完全不同了，宛如丑小鸭变成了美丽的白天鹅。

化为成虫之后，蝴蝶就长出了翅膀。它们通常会在成虫后不久，就飞离自己的栖息地，寻找花蜜。蝴蝶喜欢生活在熟悉的环境中，它们的活动通常会局限在一定范围内。只有在极少的情况下，蝴蝶才会发生大规模的迁徙，如美国的蝴蝶会迁徙到加拿大过冬。

普通的蝴蝶都要经历以上的生长过程，不过有一种珍贵的蝴蝶十分特殊，这种蝴蝶被称为阴阳蝶。蝴蝶是一种雌雄异体的昆虫，有着自己的第二性征（与性别有关的表征），但是阴阳蝶的身上却出现了异常的雌雄同体的现象。它的身体一边是雄蝶的模样；另一边是雌蝶的模样。

雌雄两性的性征出现在阴阳蝶的身体，导致阴阳蝶出现雌雄嵌体（一半雄、一半雌）的现象。

阴阳蝶的出现与遗传有很大的关系，学术界讨论至今，一直没有定论。

目前一种普遍的看法，认为阴阳蝶的出现与细胞中的染色体（DNA 的载体）有关。蝴蝶在生长过程中，染色体发生了突变，本来分属于雌性蝴蝶的基因因为一些特殊原因进入到雄性蝴蝶的体内，这样，雌雄蝴蝶的基因就混合到了一起，诱生出阴阳蝶。但这种观点还没有得到学术界的确认。

阴阳蝶产生的几率大约只有万分之一，且产生后存活的可能性也很低。所以想在现实中见到阴阳蝶，无疑是个奢求。

思维小故事

犹豫不决的警犬

夜深人静的时候，有一个蒙面的抢劫者，悄悄弄开农场主家的窗子，跳进屋子里。农场主夫妻俩惊醒了，抢劫者用尖刀逼着，把他们绑了起来，然后翻箱倒柜，抢走了所有值钱的东西，又跳窗子逃走了。

案发以后10分钟，夫妻俩想尽办法，终于挣脱了绳子，马上打电话报警。司科特警长检查现场以后，认为罪犯熟悉农场主家的情况，肯定是农场内部员工。他马上叫来了"雄狮"。

"雄狮"是一只优秀的警犬。你看它，高大英俊，威武而又聪明。"雄狮"的嗅觉特别灵敏，坏人在现场留下的气味，"雄狮"闻了以后，就会牢牢记住，然后闻着坏人的脚印，带领警察一路追踪。追上坏人以后，"汪汪汪"叫三声，胆小的坏人就会吓破胆，脚一软，乖乖举手投降。如果胆大的坏人想举枪顽抗，"雄狮"会勇敢地扑上去，咬住罪犯的手，等警察来把罪犯抓住。

司科特警长拍拍"雄狮"的头，让它闻罪犯拿过的绳子，它吸吸鼻子，然后叫了一声，表示已经记住了坏人的气味。警长一声口哨"雄狮"立刻像箭一样冲了出去。

他们沿着田间小路，转了几个弯，一路追踪到养牛场里，"雄狮"

突然打了好几个喷嚏，接着往草上的牛群跑去。这时候，它的速度减慢了，东转转，西闻闻，显出犹豫不决的样子，最后竟然停了下来。司科特警长知道，罪犯太狡猾了，故意让警犬闻不到他的气味。不过，反而有了找到罪犯的办法了。

为什么警犬闻不到罪犯的气味了？司科特警长有什么办法找到罪犯？

参考答案

罪犯故意到养牛场，脚底踩了牛屎，牛屎会刺激猎犬，掩盖罪犯的气味，司科特警长只要检查农场员工的鞋底，看谁沾了牛屎，就能找到抢劫者。

天敌不少

每种昆虫都有自己的天敌，蝴蝶的天敌似乎异常多：蚂蚁、甲虫、鸟类、苍蝇、蜥蜴、青蛙、蟾蜍、螳螂、蜘蛛、黄蜂、寄生蜂以及人类，都是威胁到它们生存的生物。

有人奇怪，蝴蝶在天上飞翔，蚂蚁在地上爬行，两者井水不犯河水，怎么能成为天敌呢？是的，蚂蚁要对付飞翔的蝴蝶并不容易，但是袭击还没有长出翅膀的幼虫，却是轻而易举的。很多蝴蝶就是在发育前期，还未成虫前被蚂蚁吃掉了。

而苍蝇能够飞行，袭击蝴蝶自然更加容易。蜥蜴、青蛙、蟾蜍、螳螂和蜘蛛都是本领高超的生物，捕捉动作缓慢的蝴蝶当然不是什么难事。而黄蜂和寄生蜂则凭借着迅捷的速度，屡屡攻击蝴蝶。

至于人类，堪称所有生物的公敌。也许人类并不算是天敌，但是人类对蝴蝶的攻击性、破坏力却远远超过前几种昆虫。

蝴蝶惹人怜爱，一般来说，我们很少会去伤害它们。有时候，有些小朋友会误把蝴蝶当作蛾来扑杀。这两者成虫后在形态上有些相似，都靠吸管吸食食物，在成虫的体表和翅膀处有细小的鳞片。但其实要分辨还是比较容易的。让我告诉大家如何区分蝴蝶与蛾子。

第一，蝴蝶色彩明亮，体表几乎没有毛绒，如白粉蝶色泽鲜艳、图纹醒目；而蛾类则色彩较暗，体表覆盖了一层厚毛绒。

第二，蝴蝶经常在白天出没，白粉蝶便是白天活动；而蛾类则喜欢在夜晚活动。

第三，它们的触角不同。蝴蝶的触角顶端有膨胀的棒球状触角；而蛾类的触角则呈针状或者是羽毛状，只有少数的蛾类会有与蝴蝶相似的触角。

第四，两者的休息方式不同。蝴蝶在休息时，会将自己的双翅合拢到一起，直立着休息；而蛾类在休息的时候则是双翅铺开，平躺着休息。

第五，蝴蝶的被毛很稀少；蛾类的被毛很浓密。

第六，蝴蝶的后翅根部呈弧形；蛾类的后翅根部非常平滑，几乎没有弧度。

大家应牢记蝴蝶和蛾类的不同，不要错把蝴蝶当成蛾，误伤了蝴蝶。

遇到天敌时，蝴蝶会用翅膀的保护色来隐藏，而有一些种类的蝴蝶则有它们的秘密武器。例如，线纹紫斑蝶的雄蝶在被捉到的时候，会在腹部翻出一对排泄的腺体，同时散发出恶臭，吓退敌人。凤蝶幼虫在前胸处有一只小小的臭角，一旦受到惊吓，臭角会立即向外翻出，喷出臭液，熏走敌人。

文化蝴蝶

自古以来，蝴蝶一直是诗人墨客钟爱的题材。李白诗云："八月蝴蝶黄，双飞西园草"；杜甫著有"穿花蛱蝶深深见，点水蜻蜓款款飞"；杨万里有"儿童急走追黄蝶，飞入菜花无处寻"；李商隐"庄生晓梦迷蝴蝶，望帝春心托杜鹃"。这些家喻户晓的名句，是中国文学史上的瑰宝，赋予蝴蝶浓郁的文化内涵。

除了诗词之外，还有许多与蝴蝶相关的民间传说，其中广为流传的莫过于《梁山伯与祝英台》。这是一个凄美的爱情故事。故事的主人公梁山伯和祝英台在爱情梦想破碎之后，双双殉情，化成两只美丽的蝴蝶，双宿双飞，让现实中无法实现的爱情有了圆满的结局。从此，蝴蝶成为恋人的代表，象征着矢志不渝的爱情。

影视剧也常以蝴蝶为话题，国外直接以蝴蝶为名的影视作品多不胜数。法国电影《蝴蝶》，讲述了一个没有爸爸妈妈的小女孩与一个老人的故事。他们相互关爱、相互启迪，踏上了寻找大自然的旅程。故事情节刺激、对话风趣、意义深刻，启发人们思考。

西班牙同名电影《蝴蝶》则讲述了一个昆虫学家发现"蝴蝶"稀有品种的故事。他不断地许愿，最后竟然将其带到了天堂，而其主角伊莎贝拉也是经历了蝴蝶的四个蜕变的过程。这个故事好像是一场春秋大梦，非常的梦幻。

中国台湾电影《蝴蝶》讲述了一个孩子为自己的父母复仇的故事。虽然最后的时候，其大仇终于得报，但是其心中却陷入了迷茫，不知道何去何从。直到其幡然醒悟之后，才如破茧的蝴蝶一样重生，开始了人生的新旅程。

舒曼的《蝴蝶》是一首优美的曲子。其创作这首曲子的时候便是被一个名为《幼虫之舞》的小说激发了灵感。小说中的主人公带着蝴蝶般真挚的情感，彻底地激发了舒曼的情感和灵感，最终才创作出来这么美妙的曲子。

思维小故事

冰凉的灯泡

夏日的一个傍晚，侦探麦考小姐来到和她约好的朱莉家中吃晚饭。仆人先招呼她在客厅坐下，然后上楼去通报，不到一分钟，二楼突然传来惊叫声，接着，仆人慌张地出现在楼梯口，喊道："不好了，朱莉小姐可能遇害了！"

麦考听罢，立即跑上去与仆人撞开书房的门，书房里没有开灯，月光透过窗户射了进来，书桌上放有一盏吊灯。

仆人对麦考说："我刚才来敲门，没人应答，门从里面反锁着。我从锁孔往里一瞧，灯光下只见小姐趴在桌上一动不动。忽然，房中漆黑一片，我猜一定是凶手关了灯逃跑了。"

麦考用手摸了摸灯泡，发觉灯泡是冰凉的。她迟疑了一下，打开灯，只见朱莉头部被人重击，死在书桌旁。

麦考问仆人："你从锁孔看时，书房的灯泡是亮着吗？"

仆人回答说："是的。"

"不！你在说谎，凶手就是你！"麦克说着给仆人戴上了手铐。

麦考怎么知道仆人就是凶手呢？

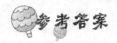
参考答案

证据就是那只冰凉的灯泡。因为仆人说从锁孔中窥看时电灯突然关闭，而她们两人破门而入不超过两分钟，加上夏季气温较高，灯泡应该还是热的才对。

蝴蝶效应

蝴蝶在热带轻轻扇动一下翅膀，就可能导致遥远的国家发生一场飓风。这就是所谓的"蝴蝶效应"。

学术上对于蝴蝶效应的解释是，在一个动力系统中，初始条件下微小的变化能带动整个系统的长期的巨大的连锁反应。

蝴蝶效应之说最早是由美国气象学家爱德华·罗伦兹，在 1963 年的一篇论文中提出来的。但当时并未引起人们的注意。

1979 年 12 月，罗伦兹在一次讲演中提出："一只蝴蝶在巴西扇动翅膀，可能会在两个星期后在美国的得克萨斯引起一场飓风。"这是因为：蝴蝶扇动翅膀，会改变它身周的空气系统，产生微弱气流。而微弱气流产生后又会引起四周气流，或其他系统的相应变化，从而引发一连串的连锁反应，导致巨大的灾难。他将这一连锁反应称为"蝴蝶效应"。

罗伦兹的演讲给人们留下了极为深刻的印象，"蝴蝶效应"之说也不胫而走，声名远播。

也有人认为，之所以会将其称为蝴蝶效应，是因为这位气象学家编了一个电脑程序，模拟气候变化，并通过图像将气候的变化简洁明了地显示出来。图像显示在屏幕上，翩然是一只展翅的蝴蝶。

起初，蝴蝶效应专指天气现象。到了现在，"蝴蝶效应"已经被人们用来暗指：一件表面看似毫无关系的小事，可能带来巨大的影响。

　　在罗伦兹演讲之后，"蝴蝶效应"一说广为人知，但这一效应真正显示惊人威力，则是在罗伦兹进行"数值天气预报"的试验之后。

　　当时，罗伦兹为了提高长期天气预报的准确性，便利用计算机来进行"数值天气预报"，偶然间改变了一个很小的要素数值，结果竟和正确结果相差很远。哪怕只改变1/100甚至是1/1000数值的大小，天气预报也会出现巨大的差错。

　　罗伦兹以为是自己计算有误，可是连续几次都是这样，这才知道自己并没有弄错。罗伦兹立即将这一试验结果公布于世，引起了所有人的深思。

　　通过"蝴蝶效应"，人们领悟到：即使是最细小的错误，如果不及时纠正、引导，就将不断发展壮大，带来巨大危害。

神奇的蝴蝶

　　蝴蝶之所以美丽，在于它们有一对绚丽华美的翅膀，而且有一些蝴蝶的翅膀十分有趣。生活在美洲的"88蝶"，它们的翅膀上居然天生有醒目的"88"字样，十分可爱。

　　其实蝴蝶的翅膀，不仅是它们华丽的外衣，更是它们隐藏、伪装和吸引配偶的秘密武器；翅膀上附着的鳞片含有丰富的脂肪，可以保护蝴蝶在雨天正常飞行；有一些翅膀更是威胁、恐吓敌人的工具。

　　在中美洲生活着一种"邮差"蝴蝶，它们的翅膀上有着明亮的红色，这是对潜在的敌人发出的警告："我是有毒的，你最好离我远点。"

还有一种猫头鹰蝶，它们的翅膀上有巨大的眼状斑纹，它的功能是模仿瞪大眼睛的猫头鹰，来恐吓潜伏在附近的敌人。当它们张开翅膀的时候，远远看去，就好像是一头猫头鹰，让敌人望而却步。

印度枯叶蝶的翅膀堪称最完美的伪装，它们的翅膀颜色近似枯叶，可以与地面上的枯叶融为一体，难以辨认，借此来躲避攻击。除此之外，枯叶蝶还会不断合拢翅膀躲避逼近的危险，等到敌害离开后，枯叶蝶就会张开翅膀，展现自己的英姿。

如果说枯叶蝶是伪装大师，那么透翅蝶则是懂得"隐身术"的魔术大师。它们生活在南美洲，翅膀薄膜上没有色彩也没有鳞片，透明如玻璃，这使它们具有了一项特殊的能力——"隐身术"。即使我们近距离观察，也很难注意到它们的存在。凭借这种高超的隐身本领，透翅蝶成功躲避了天敌的攻击。

作为食物链中的弱者，蝴蝶一般依靠伪装来躲避危险，但有一种蝴蝶则会释放毒素来"击退"敌人，那就是日落蝶。日落蝶生活在马达加斯加岛，翅膀如同黄昏的云霞一样绚丽，覆有大量的鳞片，含有毒素。它们用绚烂的颜色警告敌人："我有毒"，同时也能保证自己在潮湿天气里身体不被淋湿。一旦身体被淋湿，毒素被稀释，这种警告就失去意义了。

除了毒素，还有一种蝴蝶会发射"闪电"，那就是神奇的蓝色大闪蝶。这种蝴蝶的翅膀，会在阳光下发出淡蓝色荧光。这种钴蓝色并非其翅膀的颜色，而是阳光通过翅膀上无数半透明鳞片过滤后，反射出来的蓝光。大闪蝶不断扇动翅膀，散发出蓝色光芒。一旦天敌接近它们，它们会急速扇动翅膀，放出一道道闪光，吓跑天敌。

第十章　人类的好朋友青蛙

捕捉害虫

青蛙是蝌蚪经过改变形态发育而来的一种两栖动物，它们既可以在陆地上生活，又可以在水中生存。

青蛙的前脚有 4 个脚趾，后脚有 5 个脚趾，脚趾与脚趾之间还有蹼（脚趾间的薄膜，能用来划水）。青蛙头的两侧有两个略微凸起的小包包，那是青蛙的耳膜，通过它青蛙才可以听到外界的声音。

青蛙皮肤呈绿色，十分滑软，还有花纹，腹部呈雪白色，犹如鳕鱼。依靠背上的绿色，青蛙可以隐藏在草丛中，既能保护自己不被敌人发现，又能隐藏自己以便捕捉害虫。

同时，青蛙的皮肤还可以帮助它呼吸。这是因为，青蛙虽然通过肺来呼吸，但肺进化不完全，呼吸功能并不全面，因此必须通过湿润的皮肤溶解吸收氧气来帮助呼吸。如果青蛙长期闷在水里，皮肤接触不到空气，也是会淹死的。或者青蛙的皮肤不再湿润，无法溶解氧气，丧失呼吸功能，青蛙也会缺氧而死。

青蛙以昆虫为食，其中大部分是害虫，但一些大型蛙类还可以捕食鱼、鼠以及鸟类。几乎所有青蛙都是在夜晚捕食，白天都悠闲

自在。

炎热的夏天，蚊虫横行，这时就是青蛙大显身手的好时候了。"稻花香里说丰年，听取蛙声一片"，说的就是青蛙捕捉害虫的情景，它们是农民的希望，"蛙声一片"预示着好的收成。

青蛙捕捉食物的动作是非常优雅的。它们躲在水中或草丛中，后腿蜷缩跪地，前腿着地，支撑着整个身体，嘴巴大张，仰面朝天，肚子一鼓一鼓地做着准备工作。如果这时候有蚊子飞来，出现在青蛙面前，飞来飞去，青蛙的身子便会猛地朝前一蹿，长长的舌头快速地探出然后迅速缩回，舌头一翻，就将蚊子吞入肚中。这一连串的动作，在瞬间完成，快如闪电。之后，它又原样坐好，等待着下一个目标的到来。

据调查，在一分钟之内，一只青蛙能够捕捉十几只甚至更多害虫，效率非常高。

思维小故事

杀人的牛皮绳

美国南方得克萨斯州的盛夏，灼人的阳光似乎要吸干大地上的每一滴水，热得使人难以忍受。

一天傍晚，人们在一家农场附近的一棵枯树下发现农场的继承人比利被人杀死。只见他双目紧闭，嘴里塞着一团棉布，脖子上紧紧地缠了3道生牛皮。

距农场15千米处的镇警察署警察接到报案后，马上赶到并勘察了现场。经法医验尸，断定比利死亡时间是当天下午 3 时左右，是被人用牛皮绳勒死的。

　　警察经过调查发现，比利的表哥柯西嫌疑最大。按照法律，如果比利死了，柯西将继承农场的所有财产。当警察审问柯西时，他矢口否认，说下午 3 时他在镇上的小酒吧里喝酒，怎么能把 15 千米以外

的比利勒死呢？并说出好几个跟他一起喝酒的人。警察一一前去调查，至少有 6 人证实柯西从下午 1 时起一直在酒吧里跟他们一起喝酒，到下午 5 时以后他们才离开酒吧。

　　若不能证实柯西案发时确实在现场，就不能将他逮捕起诉，此案也很难再侦查下去。警长感到非常棘手。

　　这时，农场的老管家来到警察局，说："柯西就是凶手。是他利用生牛皮绳的特性将比利勒死的。因为……"管家的一席话使警察茅

塞顿开，立刻逮捕了柯西。柯西在铁证之下，只得认罪。

你知道柯西究竟是怎样将比利勒死的吗？

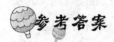参考答案

柯西是利用了生牛皮绳湿涨干缩的物理特性勒死了比利。柯西在去酒吧前，将比利绑在枯树上，用浸泡过的生牛皮绳在比利脖子上绕了3圈，当时勒得并不紧，比利还能正常呼吸。但在烈日的曝晒下，生牛皮绳慢慢干燥，一截一截地缩短，而比利嘴里塞满了棉布，喊又喊不出来，最终被活活勒死。

文化财富

中国五千年文明史中，蛙文化兴起较早，大概起源于新石器时代，略晚于鱼文化，是一种重要的文化形态。

目前出土的新时期时代的陶器上，青蛙的形象是常见的纹饰。青蛙还被一些氏族敬奉为图腾、祖先，因为"蛙"字与女娲的"娲"同音，神话传说中的女娲被视为人类的祖先。而古文字中的"蛙"字，写法与"始"字相通。

蛙文化也激发了古代诗人们的灵感。著名诗人辛弃疾在《西江月·夜行黄沙道中》中写道，"稻花香里说丰年，听取蛙声一片"，描述了夏日里青蛙欢快歌唱的情景。葛长庚的《夏夜宿水馆》中有云，"蛙市，无声万籁沉"；方岳《农谣》之五写道，"池塘水满蛙成市，门巷春深燕作家"，讲述的都是蛙市的情景。

中国的发明家张衡，更是将蟾蜍应用到了地震仪的制作中，为预测地震提供了便利。

蛙文化不仅能登文人墨客和发明家的大雅之堂，更能不拘一格，深入普通民众之中。关于青蛙的许多俗语，就出自中国广大的民众之手。比如俗语"癞蛤蟆想吃天鹅肉"，讽刺那些异想天开者，妄想追求难以实现的目标。还有成语"井底之蛙"、"坐井观天"讽刺一个人目光短浅、见识浅薄。

　　国外的青蛙文化中，青蛙所代表的形象迥然不同。欧洲童话故事中的青蛙王子，以青蛙代表身份尊贵、倜傥潇洒的王子。而在古希腊的伊索寓言中，青蛙则被用来讽刺那写异想天开、夸夸其谈却无真才实学的人。其中一则寓言说的是，青蛙想和牛比谁身形更大，便不断吹气，最终将自己吹爆；还有一则，说的则是一个想飞上天的青蛙，咬着一根木棍的一头，让大雁衔着另一头将自己带上天。飞上蓝天的青蛙，兴奋得呱呱大叫，结果一张嘴，松开了口中的木棍，当下从九天之上直坠下去。

　　此外，青蛙在饮食文化中也占据重要地位。在很早的时候，聪明的古人就知道青蛙可以食用，并且将这些东西记录到了史册。《汉书》中记载"鄠杜之间水多蛙，鱼人得不饥"；西晋文学家张华的《博物志》中记载有"东南之人……食水产者，龟蚌螺蛤，以为珍味，不觉其腥"；唐朝末年尉迟舒的《南楚新闻》中记载"百越人好食虾蟆，凡有宴会，斯为上味"。

　　除了史册之外，诗人的诗词中也屡见青蛙身影，如韩愈在《答柳柳州食虾蟆》诗中说柳宗元"居然当鼎味，岂不辱钓罩"；苏东坡更是在《闻子由瘦》的诗中写道"旧闻蜜唧尝呕吐，稍近虾蟆缘习俗"，这些诗词文章，都说明青蛙在饮食文化中的历史之悠久。

　　现在，捕捉，贩卖，食用青蛙，各地政府已严加禁止，动员民众都来保护青蛙。

拿起你的放大镜

思维小故事

蚂蚁的证明

　　一个星期前，F城的第一大街先后发生了恐怖的枪击事件，凶手躲在大厦上，用红外线步枪瞄准街上的行人，打死了3个无辜的人。凶手在行凶后迅速离开大厦。而附近的大厦实在太多，警方根本不可能对所有大厦的窗口实施监控。

　　经分析，凶手杀人完全是为了发泄。他还有可能继续作案。为了早日抓住凶手，警察装扮成路人、小贩、大楼管理员等，日夜监控整条大街的数十座大厦。可是，狡猾的凶手一连两个月没有作案，他好像空气一样消失了。大街上的一切又恢复了往日的和谐与美好。

　　这天中午，突然从银行大厦发出一声沉闷的枪声，正在过街的一位黑衣男士应声倒下。凶手又出现了！

　　警察在最短的时间里封锁了大厦，但是凶手还是混进了人群。经过调查，警察在十楼发现了弹壳和被丢弃的枪，可以确定凶手是在十楼开的枪。

　　嫌犯共有5个人：一个是拳击教练，他是个枪械爱好者；一个是银行职员，他曾经是一名小口径步枪项目射击运动员；第三个人是来银行办理业务的客户，他患有严重的糖尿病；第四个人是银行保安，但他的枪没动过；最后一个人是海员，他说自己纯粹是来看风景的。他们5个人都坚持说自己是无辜的。

　　警长感到非常棘手。如果找不出证据，要逮捕这5个人是完全没

有道理的，但要放走他们，万一凶手就是他们中的某个人呢？警长低头沉思。忽然，他发现被丢弃的步枪枪柄上有好多蚂蚁爬来爬去。警长立刻明白了什么，指着一个人大声对警察说："逮捕他，他就是罪犯！"

你明白警长说的罪犯是谁了吗？

参考答案

糖尿病患者是凶手。由于紧张，他大量出汗，枪柄上留下了好多汗水。而糖尿病人的汗水里含有大量糖分，所以吸引了蚂蚁的到来。

膝跳反射

朋友们，你试着跟我做这样一个实验：坐在凳子上，跷起二郎腿，其中一个膝盖半屈，小腿自然下垂。然后用手握拳，轻叩膝盖前窝，这时，你的小腿是不是会不由自主地向前踢呢？这就是膝跳反射了。

膝跳反射是一种最为简单的反射类型。整个过程包括接受刺激，通过反射弧将刺激传入感觉神经元（感觉神经细胞），然后再通过运动神经元将其输出。

在动物的膝盖处存在肌肉感受器。一旦受到刺激，感受器很快会将这些信号传输到与感受器相连接的感觉神经元，然后会引起神经上的电位发生变化，促使动作电位出现，然后这个动作电位会传输到脊髓的灰质上，最终和感觉神经和运动神经建立联系，让小腿"跳"起来。

这个过程与电灯打开的原理很相似。打开电灯开关的动作就是感受器受到刺激的反应，电线就是神经，灯罩是脊髓，灯丝代表大脑。

当然，膝跳反射过程比电灯打开的过程要复杂得多，其中蕴含着肌肉的变化、神经的跳动以及电位的变化等诸多的变化。

我们可以寻找到一只青蛙，然后对青蛙膝盖的部位进行轻轻的刺激，你就会发现青蛙的脚一下子就抬了起来，这就是青蛙的膝跳反射。即使一只青蛙已经死去，我们用电刺激，它的双腿也会自己动起来。

膝跳反射一般会受到中枢神经系统高级部位的影响，所以，我们可以通过膝跳反射来检验青蛙甚至人类自身的身体状况，尤其是神经系统状况。如果不能出现膝跳反应或者是膝跳反应比较缓慢的话，那么就说明神经中枢有问题。

　　而弹跳力极强的青蛙，一旦丧失了膝跳反射，便意味着它失去了行动能力，那时不要说捕食，恐怕就连最基本的事情——移动都做不了啦。

第十一章　蛇文化

区分有毒无毒

在我们的认知中，蛇是一种非常危险的动物，是邪恶、毒辣、魔鬼、丑陋、反派……的代名词；似乎一靠近，人们便会遭受猛烈攻击以致丧命。

实际上，并非所有的蛇都是有毒、有危险的，我们只需要注意躲避一些攻击性强的毒蛇即可。那么怎么来分辨哪些蛇是有毒的，哪些蛇是无毒的呢？

最主要的方法就是观察蛇的头部。如果蛇头呈三角形状，那该种类的蛇便有毒；如果蛇头是圆形的，就表示这条蛇没有毒。

这是区分蛇是否有毒的一个直观而简单的方法。不过，如果能清楚知道毒蛇到底有何种分类，那我们除了能区分它有毒没毒，还能轻易了解其毒性的大小。

毒蛇包括三个主要的品种：第一类，眼镜蛇科，如眼镜蛇、环蛇属、曼巴属、死亡蛇、海蛇及珊瑚蛇等。第二类，蝰蛇科，如蝰蛇、响尾蛇、蝮蛇、尖吻蛇等。第三类，是有着"后齿"结构的蛇类，如树蛇、瘦蛇、猫眼蛇等毒蛇。这三种类型的毒蛇大部分都有剧毒。你若是遇到这三类蛇，一定要多加小心，尽量远离。

毒蛇的蛇毒，主要成分是以蛋白质为主组成的复合物质，平常贮存在脑袋后部的毒素腺中。

这些毒素腺通过体内的管道，将储存的毒素传送到上腭的空心牙齿中。这就是我们为什么会见到蛇毒是从毒蛇的嘴中喷出来的缘由。

蛇毒大部分是神经毒素、肌肉毒素和细胞毒素等多种毒素的混合物质，可以致命。这些毒素会直接入侵生物的神经系统及肌肉系统，也可能导致呼吸系统障碍和肌能麻痹，最终令生物死亡。几乎所有蛇毒都蕴含"玻璃酸酶"，这是一种会令毒素迅速扩散的酶素。

在这里，提醒各位朋友：一旦不幸被蛇咬了，千万不要慌乱，切记不可快速奔跑或做其他剧烈运动，因为剧烈的运动只会加快毒液随血液流动的速度，让毒素迅速蔓延。这时候要保持冷静，尽快就医。

科学家们仔细研究过毒蛇的毒牙和它们储存毒素的系统，他们发现：眼镜蛇和环蛇的毒素，位于前排的牙齿。但是，它们的毒牙并不是朝前生长的。这就和毒牙同样位于前面的蝰蛇不一样，所以它们不能像蝰蛇那样采用"刺"或"戳"的方式来攻击对手，只能以"咬"的方式进行攻击。

还有一种"射毒眼镜蛇"，它们并不是靠牙齿攻击猎物的，而是通过毒牙喷射毒素来攻击敌人。因此，它们可以远距离发起进攻，但威力却不大。

而且，科学家还发现，有些毒蛇的毒素位于后排的牙齿，这些牙齿向后方弯曲，毒素难以喷出。只要这类毒素没有喷到我们眼睛上，其危害是很低的。

不过，最近有一种新看法，认为所有蛇都是有毒的。理由是，蛇的祖先蜥蜴类大部分都是有剧毒的，而一部分蛇之所以被认为没有毒性，被划为无毒蛇的行列，是因为它们的毒性太弱，或者没有牙齿，对人类没有太大危害的缘故。这种看法目前还没有被证实。

拿起你的放大镜

最后告诫各位朋友：遇到蛇千万不要惊慌，冷静观察它们的头颅，分辨出它们是否有毒性；只要镇定地缓缓离开即可。若是仓皇逃走，反而会激起毒蛇的凶性。

天生大嘴

俗语说，"贪心不足蛇吞象"，小小毒蛇居然能吞下一整头大象，那不是天方夜谭吗？

可惜，这不是天外奇闻。蛇虽然个头短小，但天生一张大嘴，可以吞下比自己身体大许多倍的猎物。现实中，就多次发生一条足够长的蛇，将一头鹿甚至是角马吞入腹中。

蛇的大嘴之所以如此"犀利"，这是因为它们长了一对"强悍"的颚骨。蛇类的这对颚骨是动物中最具韧力的颚骨，能够张开200°甚至更大的角度。而且，两颚接合部位也是松散不牢固的，颚骨周围还有许多辅助性关节，这些因素组合一起，赋予蛇一副自然界最具韧性的颚骨，让它能够凭借一张大嘴游走。

不过，蛇类虽然有一张大嘴，但它的颌非常弱，不能咀嚼，只能吞咽。它们不能像人类那样，将食物咬碎咀嚼，所以不得不将食物整个吞入腹中。不过聪明的蟒蛇，通常会事先将猎物的骨头全部压碎，然后才放心食用。还有一些蛇类会用蛇毒先杀死猎物，然后再慢慢享用。

蛇类对食物的选择与蛇的体积有直接的联系。体积越大的蛇就越能够吞下大型猎物，幼小的蛇类只能吞食体型较小的猎物。如幼蛇阶段的蟒蛇一开始只能吞食蜥蜴或鼠类，长大后便能进食小鹿或羚羊了。

因为蛇类无法咀嚼，所以它们无法食用植物类食物，所有蛇都是肉食主义者。它们的食物主要是蜥蜴、小型哺乳类动物、鸟类、鱼类、蛋类、蜗牛、昆虫以及其他蛇类。不过这并不是绝对的，蛇类如果饿极了却找不到猎物的话，也是什么都吃的。

大部分蛇类都以其他种类的小动物为主食。牙齿结构非常特别的钝头蛇，是以蜗牛为食的。它们口腔内的牙齿，右侧比左侧多，而蜗牛的外壳是呈顺时针旋转的，正好适应了这种牙齿构造。但一些特殊品种，如眼镜王蛇，就以其他蛇类为主要食物。

蛇的消化系统十分厉害，它们的毒液实际上就是消化液，可以溶解吞入食物的身体。有些蛇类在吞入猎物同时就开始消化，消化完还会把骨头吐出来。同时，蛇为了促进消化，还会在地上爬行，利用肚皮摩擦不平整的地面来加速消化。

蛇的大嘴让它们成为自然界的一方霸主，但也给它们带来危险。当蛇类吞食猎物后，它们会进入短暂的休眠状态，直到身体将食物完全消化，它们才可以恢复活动能力。

而它们的消化过程是异常紧张的，有些蛇会吞下尚未断气、体型较大的猎物，没有被杀死的猎物很可能在蛇腹中激烈挣扎。吞食后，它们进入休眠状态，此时行动能力非常低，极易被天敌捕杀。蛇类通常是数天乃至数个月进食一次，剩下的就是消化时间，这个过程一般需要足足两天才能全部完成。

弄蛇术

蛇是一种危险的动物，却因此给喜好挑战的人带来了强烈的刺激感和兴奋感。人们在长期逗蛇弄蛇的实践中，创造了一项技能——弄蛇术，并刺激产生了一个行业——舞蛇业。而弄蛇术的兴起又带动了捕蛇业的发展，在给人类带来乐趣的同时，给蛇类带来了生存危机。

印度弄蛇术是享誉世界的艺术。每到庆典或重大活动，弄蛇人都会盛装献技，有一些零散的弄蛇人还会经常巡游各地进行表演，受到当地人和旅客的欢迎，带动了当地旅游业发展。

弄蛇表演其实是非常危险的艺术，弄蛇人通常将蛇放到一个竹篮中，然后吹奏笛子之类的乐器，竹篮中的蛇听到乐声之后，会做出各种特殊反应。

经过研究发现，蛇类是没有外耳的，只有内耳，所以它们虽然不是聋子，却也近似失聪。所以蛇的起舞与笛声没有任何关系，它们与舞蛇人之间是不能通过声音来交流的。其实，聪明的蛇是通过敏锐地感受弄蛇人的动作，来"翩翩起舞"的。

弄蛇人通过不断变换双手姿势、跺脚等方式，向蛇发出讯号。蛇则根据笛子的左右摆动，感应弄蛇人跺脚产生震动，配合扭动身躯，做出多种"舞蹈"动作。只不过，每个弄蛇人都是高明的障眼法高手，他们会利用各种方法来掩藏"秘密"，让这些技巧不被在场的观众看穿。

除了传统表演，部分弄蛇者还有让眼镜蛇表演与獴打斗的环节。不过，这项演出十分稀少，因为不管是蛇类还是獴属，都容易在打斗过程中受伤甚至死亡，这对弄蛇人而言是得不偿失的。

还有一些弄蛇人，会将蟒蛇之类攻击性、毒性很强的蛇类放到自己的身体上，和它们进行亲密接触，做出各种危险动作，借此吸引观众眼球，赚取钱财。

弄蛇行为看似危险，其实弄蛇人早将毒蛇的毒牙除掉，或者直接挑选无毒蛇类表演。

目前，为了保护野生蛇类，许多国家和地区决定限制甚至禁止街头弄蛇表演，所以从事弄蛇业的艺人就越来越少了。

弄蛇人的减少导致了捕蛇人的减少。这个曾经因为弄蛇术而兴起的行业——捕蛇业，最终也走向了没落。

实际上，捕蛇业很早就存在，历史比弄蛇术还要久远。

在印度的安得拉邦及泰米尔纳德邦附近的部落"伊鲁拉斯族"就存在世代相传的猎蛇者及捕蛇习俗，他们就好像是蛇类的杀手一样，能够将一些常人难以捕捉到的毒蛇捉到。

他们具有丰富的捕蛇经验，是目前我们所知道的最久远的捕蛇部落之一。

刚开始，捕蛇人捕捉蛇只用来食用，随着经济的发展，许多名贵的蛇类身价倍增，捕蛇业在经济利益的刺激下成为一个行业，捕蛇人通过贩卖名蛇，赚取了大量的财富。

随后，弄蛇术出现，捕蛇业进入空前繁盛的时期。古时，弄蛇术观者如潮，利润巨大，而弄蛇人无法亲自捕捉，只能拜托捕蛇人来捕捉自己需要的蛇类，间接促进了捕蛇业的发展。

目前，弄蛇术和捕蛇业因为违反动物保护法，都已经被明令禁止，他们只被允许捕捉一些普通蛇类。

捕蛇是个危险的职业。捕蛇人最理想的工具，是一根末端呈"V"字型的长棍。不过有一些技艺高超的捕蛇人，如比尔·哈斯特、奥斯甸·史提芬斯与及杰夫·可云等传奇人物，他们能够徒手捕蛇或者只用一根小木棍便能捕捉强悍的蛇类。

蛇文化

在中国，龙是真命天子的象征。龙的图腾集合了驼头、鹿角、牛耳、龟眼、虾须、蛇身、鱼鳞、蜃腹、鹰爪。这种复合结构，意味着龙是万兽之君、百鳞之王。但是，现实生活中，龙是不存在的。因此，人们便将蛇视为神龙的化身，对其既敬又畏。

在我国古老的神话传说中，古人眼中的创世神"女娲"和"伏

拿起你的放大镜

羲"就是半人半蛇的形象，他们上半身是人身，下半身则是蛇形。

虽然，我们有时候会将蛇视为罪恶的象征，用"蛇蝎心肠"来形容恶毒之人。但是，传统文化中大多时候还是将蛇定位为懂得报恩、能力极强的神物。

西晋干宝所著《搜神记》中记载了这样一个故事：春秋时期，隋国君主隋侯在前往齐国的途中，遇见一条蛇，头部受伤流血，被困浅滩。隋侯心生怜悯，采来草药给它敷在伤口止血，然后用手杖把它挑入水中，让它游走。

不久，隋侯从齐国返国，再次路经此地，只见那条蛇正口衔宝珠，在路旁等候。隋侯不知宝珠来历，一时不敢接受。回国后，当晚梦见蛇绕床头，惊醒一看，一颗夜明珠悬挂在床头，直径长达一寸，光芒朗照全室。这颗宝珠称为隋侯珠，与和氏璧齐名，是春秋战国时期诸侯争夺不休的国宝。

这个故事在西晋傅玄的《灵蛇铭》中也有明确的记载："嘉兹灵蛇，断而能继。飞不须翼，行不假足。上腾霄雾，下游山岳。进此明珠，预身龙族。"书中将蛇形容为能腾云驾雾的神物，是龙族的象征，可见蛇在古人心中的地位之高。

此外，关于蛇的传说屡见于各朝各代的文士名作之中。如先秦古籍《山海经》赫然将蛇列入五毒行列，描述了许多以蛇为基础的鬼怪；还有明朝冯梦龙"三言"中根据起源于北宋的传说故事《白蛇传》改编而成的《白娘子永镇雷峰塔》；以及蒲松龄《聊斋志异》中温婉善良的蛇精。

与我国类似，蛇在印度人心中的地位也很高。印度人认为他们的守护神毗湿奴附身在千蛇之王舍沙的身上，因此将其视为圣物对待。同样将蛇当作圣物看待的还有埃及人，他们非常崇拜眼镜蛇。埃及法老头像上的眼镜蛇是魔法无边的女巫的化身，她可以保护国王不被敌人靠近伤害。在埃及人的传说、著作中，眼镜蛇还被描写成太阳神的眼睛。

除了这三个国家，蛇也被广泛运用到欧洲的神话故事、图腾之中。基督教有一个支派叫作拜蛇教，他们信奉衔尾蛇，称之为"圣蛇"。衔尾蛇的图像是自绕一圈叼着自己尾巴的"衔尾蛇"。在诺斯底主义中，衔尾蛇象征"无限"与"世界之魂"，具有"自我消减"的特性，跟随着传道者的足迹，声名传遍整个世界。

急　救

夏季，有人若是经常去山林中玩耍，不幸被蛇咬伤，一定要尽快处理。具体该怎么应对呢？

上文，我们已经告诉大家，一旦被蛇咬中，千万不要惊慌，更不要到处乱跑，以免毒素扩散。但在这之前，我们需要分辨一下，咬我们的到底是有毒蛇还是无毒蛇。

一般，无毒蛇咬伤，伤口会有四排细小的牙痕；而被有毒蛇咬伤，通常会在伤口见到一个或两个，有时是 3 个大而深的牙痕。如果没有发现明显的牙痕，那一定要按照毒蛇处理，防患未然。

如果真的不幸被有毒蛇咬中，我们应直接在现场进行急救，处理越及时，效果越好，否则毒素一旦扩散，情况会更严峻，处理难度也更大。

首先，我们要仔细检查伤口，看是否有残留的毒牙，如有，应立即拔出。然后用酒精进行消毒，如果没有酒精，可以用火柴、打火机等消毒，破坏毒素的组织结构。然后用绳子绑住伤口周围，抑制血液向上流动，但不要阻断淋巴和经脉的流动。同时要进行止血，否则即使控制了蛇毒，也可能因为流血过多而休克（昏迷的假死状态）。

捆扎伤口一段时间之后，我们要进行排毒。在一些电影中，我们

经常看到女主角为中毒的男主角吸毒，其实这是错误而危险的做法。这样做非但难以排清毒素，还会牵连吸"毒"者。

我们在放开毒血之后，要迅速松开绳子。然后用清水，以最快的速度清洗伤口，直到流出的血液颜色鲜红为止。

如果有牙印留下，我们还要彻底剖开牙印，清理残留毒素。

在以最快速度排除蛇毒之后，要尽快喝下能够减缓血液流动的药物，如南通蛇药、上海蛇药、新鲜半边莲、内服半边莲等（半边莲和雄黄一起捣烂，制成浆状外敷即可）。这些药物能有效阻止毒素流入心脏。接着乘坐最快捷的交通工区前往医院。

除了这些方法，我们还可以在毒素被排除之后，用针刺和拔火罐的方法，对伤口进行消肿。其中针灸可以选一些特定的穴位下针，以减缓血液流动、帮助排毒、加速消肿。

情况严重的话，可能需要人工呼吸，因为一些毒素可能会影响人体呼吸系统，导致中毒人呼吸不畅。

当我们要前往可能藏匿毒蛇的地方，最好穿一些鞋帮比较高的鞋，并事先准备一些刺激性物体驱赶蛇类。夜间最好不要前往比较潮湿，或者温度较高的地方。

其实，除了一些凶悍的攻击性强的蛇类，一般蛇类看到人会主动躲避。俗语所说"打草惊蛇"就是这个道理。所以走在草丛里，可以使用木棍拨弄花草，使潜伏的蛇类惊逃。

思维小故事

名贵邮票失踪

在一个邮票展览会中，有一枚价值 100 万元的珍贵邮票突然失踪。当窃贼离开会场时，被保安人员发现了，立即追踪到某座写字楼的一间办公室里。这时大批警察人员也追到现场搜捕。警员给窃贼扣上手铐，然后搜查，但一无所获。

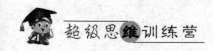

警员再次打量这间房子，其实这是一间很小的办公室，室内只有一张写字台和一台开着的落地扇。因为办公室还没有使用，屋里一点儿多余的东西都没有，几乎没有地方可以藏东西，但经过仔细搜查仍不见邮票。而追踪这个窃贼的保安人员说，窃贼和他是脚前脚后进到房间里的，而且窃贼在路上绝没有藏匿邮票的机会。那么，这枚邮票藏在哪里呢？如果找不到它，就不能拘捕这一窃贼了。

请你帮助警务工作人员再找寻一下这枚珍贵的邮票吧！

参考答案

窃贼把邮票贴在那转动的电扇叶片上。这样，只要不关掉电源就看不到邮票。

第十二章 鸭子的悲喜剧

鸭子为什么可以浮出水面

每次见到鸭子能够在水面上自由自在地游泳，你有没有想过，为什么鸡鸭是近亲，鸡不能游泳，而鸭却可以轻易地浮在水面上呢？

答案很简单，因为两者的身体结构不同。

让我们一起来看看鸭子的身体结构。在鸭子的尾部有一个很大的脂肪腺，叫尾脂腺，就是我们通常见到的翘起来的鸭子尾巴。鸭子的大尾巴可以为鸭子提供巨大的浮力，同时为它提供动力，并控制游向。

除此之外，鸭子的胸部还能分泌一种含脂肪成分的"粉"状角质薄片，我们抚摸鸭子的时候会感觉很油的原因就是因为这些东西的存在。平时，鸭子经常用自己的长嘴啄自己的羽毛，就是为了把尾脂腺分泌的脂肪和胸毛分泌的"粉"状角质薄片涂擦在羽毛上。这样，鸭子进入水中的时候，羽毛就不会被打湿了。

简单说来就是脂肪的存在再加上羽毛非常轻盈，使鸭子可以轻易漂浮水面。

与鸭子相近的鸡不能浮在水面，这是因为鸡虽然也有脂肪，但是

拿起你的放大镜

却很少。而且鸡的脖子也不如鸭子长，不能像鸭子那样将脂肪涂抹到自己全身的羽毛上。

尽管鸡的羽毛也很轻，但是进入水中便会被打湿，所以鸡不能浮在水面上，而鹅、水鸟等和鸭子身体构造类似的动物，则可以和鸭子一样，在水中嬉戏。

鸭子为什么不能飞翔

在动物学中，鸭子隶属鸟纲雁形目鸭科或鸭亚科，跟大雁是同一个科目。那为什么鸟能飞翔，而鸭子（家鸭）却不能飞翔呢？

在解释鸭子为什么不能飞之前，让我们先来看一下鸟类为什么能够飞翔。用对比的方法，让大家更易理解。

鸟类之所以能够飞翔是因为鸟类的骨头中空，轻盈灵巧，空气可以渗入到骨头中，鸟类的骨头内的空气和外界形成了气压差，空气就会给鸟类一个上升的力量，给鸟儿飞翔提供足够的空气浮力，将其托起。

鸟儿浮在空中之后，便需要动力实现自由翱翔，这时候翅膀上的羽毛构造就发挥作用了。

鸟类的翅膀羽毛结构繁复。当鸟类上下扇动翅膀，或做上下举压的动作时，可以推动空气运动，如同喷气机一样，利用空气的反作用力向前后上下飞行。鸟儿的羽毛构造合理，能既能有效减少飞行时遇到的空气阻力，又能消除震颤和噪声。

那么，鸭子为什么不能飞行呢？这是因为鸭子的体重比鸟类重，而且其翅膀和骨头的独特构造完全不适合飞行。

鸭子的体重也许并不比所有的鸟类都重，但是它的翅膀短小，体重与翅膀承重不成正比，它们单薄的翅膀无法带动起肥胖的身体。

此外，鸭子的翅膀构造简单，不像鸟类有那么多气孔，骨骼中心也不是空的，难以注入大量空气。翅膀的形状也不像鸟类那样可以减少空气阻力（但可以减少水面阻力）。

鸭子的羽毛上面富含脂肪，这是它们可以浮在水面上的原因之一，但是却阻止了鸭子想要飞行的愿望。脂肪是一种密度很大的物质，不仅增加了重量，而且使羽毛变得沉重。

同时，鸭子一直被人类豢（huàn）养，其飞行能力也会出现一定程度的退化。不过有一些人认为，鸭子虽然和大雁同科，但它本身就不会飞，它们的翅膀完全不可能产生托起沉重身体的浮力并不是退化的结果。

拿起你的放大镜

第十三章　天使海豚

聪明的海豚

众所周知，海豚是一种聪明灵巧、本领高超的海中哺乳动物，有海中"智叟"之称。它们能够区分同类和敌人，知道人类捕鱼用的渔网是有害的，能够做出各种难度较高的杂技表演动作。这一切都归功于它们有着聪明发达的大脑。

要知道，它们的脑部，发达程度不亚于灵长类动物。而灵长类动物可是最具灵性的高等哺乳动物。人类也隶属灵长类。

俗话说，"脑袋大的人聪明"。这句话也适用于海豚。海豚头部巨大，质量沉重。大西洋瓶鼻海豚的体重达 250 千克，而脑部重量竟重达 1.5 千克，二者的的比值约为 0.6（人类的比值为 1.93），远远超过大猩猩或猴类等灵长类的比值。

虽然海豚身体重量与脑袋重量的比值不如人类，但是单论脑部质量的话，海豚却比成年男子的脑袋重 100 克，从某种意义上说，海豚可能会比人类更聪明。

海豚脑部的复杂程度远远超过一般动物。为了研究海豚脑部结构，有科学家曾将海豚的脑部解剖，做了细致研究。研究发现，海豚的脑半球上有大量脑沟。这些脑沟纵横交错，布满整个大脑，形成一层层皱襞。

越聪明的动物脑沟越多，大脑中的皱襞越多。海豚脑部上的皱襞数量甚至已经超过了人类，这是因为海豚脑袋的重量比人类还要重。海豚的大脑的重量只比人类的脑部略重，但是其皱襞的数量却达到了人类的 1.5 倍。可见海豚的聪明不单单是因为脑袋大还有神经细胞多的原因。

因此，无论是从脑重量和体重的比，还是从大脑皮质的皱襞数目来看，大西洋瓶鼻海豚脑部的记忆容量以及信息处理能力，均与灵长类不相上下，甚至在某种程度上超过了人类和其他灵长类动物。

虽然我们一直认为海豚聪明，但是海豚智力的具体情况如何，却没有人可以确定。海豚的脑部虽然发达，但是它们的智力表现却与人类对于智力的定义相去甚远。

人类的"智力"定义有三种：一是对于各种不同状况的适应能力，二是由过往经验获取教训的学习能力，三是利用语言或符号等象征性事物从事"抽象思考的能力"。

科学家们可以通过观察野生海豚的行为，观察它们表演杂技时与人类沟通的情形，推测出海豚的适应及学习能力都很强；但是海豚运用语言或符号进行抽象思考的能力如何，人们却无法确定。

倘若海豚真的具有抽象思考能力，那么它究竟是如何运用这种能力？而其程度又是如何？这些都是有趣的研究课题。

目前，人类主要采用两种方法对海豚智商进行探索。一是解剖海豚的大脑来推算海豚的潜在能力，推测出海豚智商的高低；二是观察野生海豚的生活行为，从行为目的与思维方法入手，推测其智力高低。

虽然海豚的智商不能被准确测算，但是，大家都公认海豚是十分聪明的物种，科学家们一直将它们放在动物智商排行榜的前列。

拿起你的放大镜

海豚的本能

所谓本能，指的是人类和动物不必学习便能精通的行为，又叫做天性。海豚有许多有趣的天性。

首先是海豚的睡觉方式。海豚作为哺乳动物，是用肺部进行呼吸的，所以海豚不可以在水中长时间逗留。即使睡觉的时候，隔一段时间也必须要浮出水面呼吸，否则会在睡梦中溺死。

那么海豚为什么可以在睡觉的时候浮出水面呢？因为海豚可以一心二用。海豚在游泳的时候，一半的脑电波处于休息状态，而另一半脑电波则处于工作状态。这种状态持续十几分钟之后，二者会调换过来，自然有序。

海豚的第二种本能，是保护幼小的海豚和同类。如果小海豚难产，在出生的时候无法正常呼吸，母海豚就会帮助没有行动能力的小海豚浮出水面，让小海豚能够正常呼吸。而如果小海豚不幸死亡，母海豚则会奋不顾身、想尽一切办法让小海豚复活，甚至因此送命也在所不惜。

除了保护幼儿之外，当同伴有难，海豚还会见义勇为，拯救同伴于危境。如果一只海豚被攻击受伤，路过的海豚们就会奋不顾身地伸出援手。

1994 年的 6 月，有研究人员在做调查时就曾亲眼见证了海豚的这一天性。当时，一条海豚不幸被鱼叉刺中，陷入昏迷状态，附近的海豚很快游到附近，不断用身体把受伤的同类推出水面，让它能保持呼吸；同时发出能够声音，唤醒处于昏迷状态的受伤海豚。

令人感动的是，海豚不仅会救同伴和自己的孩子，对于遇难的人类，也会毫不犹豫地表现自己的爱心。许多在海上或者海底遇险的人，就曾被路过的海豚挽救过性命。海豚也因此得到"海上救生员"的美誉。

科学家针对海豚的这种行为做了一系列研究，发现救苦救难是海豚的本能，是海豚的一种美德，来源于它们对子女的"照料天性"。海豚会帮助自己的子女呼吸、喂它吃食，同时还会帮助子女按摩身体。这种本能经过长时间发展形成了另一种本能，那就是帮助弱小。

除了以上所说的这些本能，海豚还有其他的本能。如：海豚会在同伴死后举行葬礼，然后在死者去世处守墓，发出悲鸣，直到同伴尸体腐烂。

同时海豚还有集体自杀的行为。当它们感觉无法承受外界压力时，会选择不让自己呼吸，用最快的方式结束自己的生命。新闻报道中所说的海豚大规模搁浅，便是海豚集体自杀行为。

海豚的鸣叫

海豚能够发出悦耳的叫声，但人类在正常情况下是不能听到这些叫声的，只有少数叫声能被人类听到。

海豚发出的声响，是人类不能听到的超声波。人类如果想和海豚进行沟通，就必须要了解海豚的语言。通常研究人员会把海豚的叫声全部录下来，然后进行分析，借此了解海豚的语言能力和构成。

不过，虽然利用高级仪器能将海豚声辨析出来，但我们无法依靠器械直接听到海豚的叫声，因此无法和海豚直接交流；分析海豚的语言缺乏现实意义。所以目前人类并没有花精力去了解海豚的语言。

虽然人类无法听到海豚的声音，但是海豚却可以清晰地听到人类

的语言。只要海豚懂得人类的语言，我们就可以和海豚顺畅沟通。虽然人们无法读懂海豚的想法，但是海豚却可以了解人类，成为人类的朋友。

这种方法尚在试验阶段，目前还不能达到人类和海豚自由沟通的效果，但已经可以进行有限的交流了。如果能够突破这道壁垒，那么人类对海豚的了解将会更上一层楼。

第十四章 狠毒的女王——蜘蛛

各式各样的蜘蛛

蜘蛛是世界上最常见的动物之一，种类繁多，足迹几乎遍布全世界。热带雨林之中更是隐藏着一些凶狠的蜘蛛。下面，就让我们来看看这些特别的蜘蛛。

最大的蜘蛛——格莱斯捕鸟蛛

格莱斯捕鸟蛛生活在南美洲的潮湿森林中。它们在树林中织网借此来捕捉鸟类，张开爪子能达到38厘米宽，与一个成年人的小臂的长度相差无几。

最小的蜘蛛——施展蜘蛛

施展蜘蛛是世界上体积最小蜘蛛，体长只有0.043厘米，与人类7根头发绑在一起的直径差不多，可以停在大头针的针头上。由于体积很小，所以危险性比较大。

名称古怪的蜘蛛——无眼大眼蛛

这是一种名字听起来非常怪异的蜘蛛。它们侨居在夏威夷的卡乌阿伊岛上的洞穴中，双目失明。有趣的是，明明是一种没有眼睛的盲蜘蛛，可偏偏属于大眼蛛科，空留下"大眼"之称。

子食母的蜘蛛——红螯蛛

红螯蛛的幼蛛会附着在母蛛体上啃食母体，母蛛毫不反抗，静静地任其啃食。一夜之后，母蛛就会彻底被自己的孩子吃掉。听起来很残忍，但这却是这类蜘蛛进化必须经历的过程。

澳大利亚最大的蜘蛛——猎人蛛

猎人蛛有250多克重，很难想象这是一只蜘蛛的重量。相貌丑陋的猎人蛛捕捉猎物的本领十分高超。从其"猎人蛛"的名称中，我们就可以推测到它们的危险性，推测它们的食物绝不仅是蚊虫之类的小昆虫。不过任其再厉害，却敌不过人类，"猎人蛛"因为体内蕴含丰富蛋白质而经常成为土著人桌上的佳肴。

吃鸟的蜘蛛——捕鸟蛛

捕鸟蛛生活在南美洲，是一种体型巨大的蜘蛛，有鸭蛋那么大。吐出来的蛛丝坚韧牢固，十分粗大。它们喜欢吃鸟类、青蛙、昆虫甚至是蝎子之类的动物，其中最主要的食物是小鸟，因此才被称为捕鸟蛛。

奇特的蜘蛛——投掷蜘蛛

这种蜘蛛捕捉食物不是通过结网，而是将蛛丝滚成一个圆球，当猎物接近，它们会迅速将手中的"武器"扔向猎物。猎物一旦被击中就会被蜘蛛丝粘住，然后会被投掷蜘蛛拉进巢穴吃掉。

世界上最毒的蜘蛛——漏斗形蜘蛛

这种蜘蛛生活在澳大利亚。它们身体上有一个毒囊，形如漏斗，所以才得名漏斗形蜘蛛。一旦被其咬中，得不到及时治疗，就算是再强壮的人也会在几分钟之内丧命。

替人守店的蜘蛛

这指的并不是一种蜘蛛，而是一个故事。在伦敦的一家百货店里有着两只毒蜘蛛。每当夜幕降临，它们就会替店长守店。一旦有盗贼或小偷闯入，它们就会毫不留情地发起攻击，利用毒素吓退不法者。这两只毒蜘蛛守护了这家百货店到底有多久，已经记不得了，但是它们尽忠职守，兢兢业业，堪称"警卫"中的楷模。

与植物合谋吃人的蜘蛛

这是生活在亚马孙河流域的一种毛蜘蛛。这种蜘蛛通常生活在日轮花附近。日轮花是一种美丽的大花朵。这种花会将一些不认识它的人类和动物吸引到身边，利用自己的花朵和枝叶将人类狠狠缠住，然后向早已等待在附近的毛蜘蛛发出信号，呼唤毛蜘蛛前来吃人，可谓是"狼狈为奸"的典范。

织渔网的蜘蛛是巴布亚新几内亚的一种蜘蛛。这种蜘蛛能够帮助渔民织成捕鱼的渔网。渔民只要把渔网的基底织好，然后把"半成品"挂在两棵树之间，这种蜘蛛就会主动完成剩下的织网工作，而且织出来的网十分结实耐用，是人类的好帮手。

蜘蛛巢

蜘蛛网是由蜘蛛吐丝结成的，一条条白线纵横交错，十分有规律地排列在一起，最后组成一张开的大网。蜘蛛网是蜘蛛用来捕捉猎物的工具。你千万不要误以为蜘蛛网是蜘蛛的巢穴。蜘蛛的巢和蜘蛛网可是两个独立的概念。

蜘蛛巢的形状好像是倒置的气球，大小近似鸟蛋。底部宽大，顶部狭小，围着一圈扇形边。整体看去，这是一个用几根蛛丝支撑的蛋形物体。

蜘蛛巢的顶端是凹形的，上面有一个形如碗盖的丝网，有保护主巢的作用。在巢的周围分布着许多丝带或者白缎，这些物品具有防护作用，能保护蜘蛛的后代。

蜘蛛通常会将巢穴藏在枯草中，然后分泌出蓬松柔软的红色蜘蛛丝。这种蜘蛛丝非常温暖，比天鹅毛还要柔软，为小蜘蛛的成长提供温馨的环境。

这是巢的外部情况，我们再来看看蜘蛛巢的内部构造。

巢的中间，有一个锤子形状的"袋子"，是蜘蛛精心用蜘蛛丝做成的。袋子的底部呈圆形，顶部呈方形，上面盖着一个柔软的盖子，形状奇怪。这个袋子是用非常细软的缎子做成的，里面藏有蜘蛛卵，能够很好地保护蜘蛛卵，使它们不会受到严寒的侵害。

制作这样一个锤子形状的"袋子"，要花费蜘蛛很多精力和时间，整个过程十分缓慢：蜘蛛缓慢地转圈，同时喷吐出一根柔软的蜘蛛丝。它将这根蜘蛛丝缠在自己的后腿上，随着身体的移动，蜘蛛丝一层一层叠在已经存在的蜘蛛丝线圈上。一圈圈的蜘蛛丝就在蜘蛛的转动下不断添加变厚，最后就织成了一个小袋子。

然后，蜘蛛用蜘蛛丝将"小袋子"稳稳地固定在蜘蛛巢内。"小袋子"的大小恰好能装下全部蜘蛛卵，不留一点空隙，计算非常准确，在节省空间的同时也保证了"袋子"的温暖。

织完"小袋子"，蜘蛛会继续喷射出一种非常细软的红棕色蜘蛛丝，然后用后腿将蜘蛛丝紧紧压实，包裹在巢的外围。

然后蜘蛛再一次变换材料，释放出普通的白色蛛丝，包裹在巢的外侧，为自己的巢穿上一层白色外套。

这时的蜘蛛巢，就像一个小气球，上面小、下面大。但工作还没有结束，蜘蛛会继续释放出各种不同颜色的蛛丝，赤色、褐色、灰色、黑色……这些蛛丝将巢穴装点得绚丽多彩。

到这里，蜘蛛巢才算彻底竣工。巢穴精美华丽，简直就是动物界的"皇宫"，显示了蜘蛛的品位。

思维小故事

人质照片

诺马西是一家照相机公司的总裁。最近，他研制成功一种新式照相机。为了筹备新产品的发布会，诺马西总裁忙了一个上午，到中午休息的时候，他才想起来，要给女儿打电话。女儿在北方读大学，现在放暑假了，说好晚上乘飞机回家。他想问女儿乘的是哪班飞机，他好去机场接她。女儿的手机里，却传来一个陌生男人的声音："你想接到女儿的话，马上汇 20 万元过来！"诺马西总裁心头一紧，知道女儿被绑架了。

福森特探长接到报案，立刻来到总裁办公室。诺马西总裁拿出女儿的照片，痛苦地说："只要能让女儿平安回家，哪怕是倾家荡产，我也情愿……"福森特探长看了看照片，上面是个漂亮的姑娘，特别是那双大大的眼睛，好像会说话，透出聪明活泼的神情。

探长说："我不仅要保证您女儿的安全，还要抓住罪犯。不再让

拿起你的放大镜

超级思维训练营

他们为非作歹，所以现在最首要的，是要查出罪犯是谁。你马上给绑匪打电话，就说没有问题。但是为了证明女儿还活着，必须给你女儿拍一张照片，用快递寄来，什么时候收到照片，什么时候寄钱。"

诺马西总裁按照探长的要求，给绑匪打了电话，贪婪的绑匪答应了。第二天，探长拿到照片，很快就查出了罪犯。

福森特探长为什么看到照片，就能查出绑匪是谁呢？

参考答案

绑匪在拍照的时候，面对着总裁女儿。福森特探长只要把照片放大，就能从总裁女儿的大眼睛里，看到绑匪的脸。

第十五章　倒挂的蝙蝠

生物波定位

有一种动物，它们有翅膀，外形类似鸟类，但没有羽毛，也不下蛋。这是什么动物呢？

对了，是蝙蝠。蝙蝠是飞行能手，即使地方狭窄，它们也能非常敏捷地转身。蝙蝠非常适合在黑暗中生活，不过蝙蝠的视力很差，几乎是"瞎子"。

但它们有一种厉害的本领，那就是回声定位。它们耳内有生物波定位结构，可以通过发射生物波并根据其反射的回音来分辨物体，从而准确定位。

蝙蝠在飞行时，会通过嘴和鼻发出一种人类听不到的生物波。生物波遇到昆虫之类障碍物后，反弹回来；接着反弹回来的生物波，被蝙蝠的耳朵接收，蝙蝠便可确定猎物的具体位置，动身捕捉。

针对蝙蝠的这种本领，科学家做了一个著名的实验——斯帕拉捷的蝙蝠实验。

实验中，科学家斯帕拉捷将蝙蝠双眼刺瞎，然后放飞，发现蝙蝠依然能够顺利地飞行。

拿起你的放大镜

蝙蝠神奇的表现引起了斯帕拉斯的注意：既然蝙蝠不是靠眼睛飞行的，那么是不是靠耳朵呢？斯帕拉捷接着将蝙蝠的耳朵堵上，将其放飞。这时候，蝙蝠却跌跌撞撞，无法顺利飞行了。由此，斯帕拉捷推测，蝙蝠是靠耳朵辨认方向的，而非眼睛。

斯帕拉捷的实验引起了科学界注意。许多科学家开始探究蝙蝠飞行的原理。最后终于发现，原来是生物波在其中扮演着重要的角色。

科学家发现蝙蝠在飞行时，喉咙内能够发出人类听不到的生物波。这些生物波触碰到昆虫时，就会反弹回来，距离的长短甚至对方的模样都会被估测出来。

这也就是上文所说的"回声定位"。蝙蝠在寻食、定向和飞行时都会发出类似的信号。这些信号由类似语言音律的生物波组成，是蝙蝠能够捕捉到食物的关键。

蝙蝠必须在收到回声并分析出这种回声的振幅、频率、信号间隔等的声音特征后，才能决定下一步采取什么行动。如果不能够及时接收到这些信号的话，蝙蝠就将失去捕食的能力，导致饿死。

蝙蝠具有的这种特异功能与蝙蝠的大脑构造有直接关系。蝙蝠的大脑能截获回声信号的不同成分，就好像是一个接收器。有一些神经元（组成神经的最小单位）对回声频率比较敏感，而另一些则对两个连续声音之间的时间间隔比较敏感，二者分工明确。而蝙蝠正是依靠大脑各部位的共同协作，才准确地对反射物体性状和位置做出判断。

蝙蝠用回声定位来捕捉昆虫的灵活性和准确性是非常惊人的。科学家专门做过实验，实验结果显示蝙蝠在几秒钟内就能捕捉到一只昆虫，一分钟就可以捕捉到十几只昆虫，简直就是一个"工作狂"。

回声辨位的高超技术，让蝙蝠有着惊人的抗干扰能力，使它们可以从杂乱无章充满噪声的回声中，检测出某一特殊声音，并快速进行分析和辨识。通过反射音波，蝙蝠可以分辨出障碍物到底是昆虫还是石块，或者更精确地分辨出是可食昆虫，还是不可食昆虫，从而保证了蝙蝠的捕食效率。

蝙蝠的这种抗干扰能力不仅能够排除其他动物噪声的干扰，还能够排除同伴的声音，似乎每只同伴都有一个"特定的频道"，绝对不会把它们和敌人混淆。人们借鉴了蝙蝠的这种能力，发明了雷达，成为军事上必不可少的电子装备。

蝙蝠文化

在古代，蝙蝠有时会被称为飞鼠，因为他的样子与老鼠的模样很相似。这种特殊的动物，很早就得到了文人墨客们的青睐，并逐渐融入风俗，形成了独特的蝙蝠文化。

元稹的《长庆集》中的《景中秋》记载"帘断萤火入，窗明蝙蝠飞"，说的便是诗人当时遇到蝙蝠的情景。冯梦龙的《笑府·蝙蝠骑墙》记载有"凤凰寿，百鸟朝贺，惟蝙蝠不至"，说的是在凤凰过寿之时，百鸟朝贺，只有蝙蝠不来，因为蝙蝠说自己是四脚的兽类，不是鸟。后来麒麟过寿，百兽都来朝贺，只有蝙蝠不到，它说自己有翅膀能飞，是鸟不是兽。作者用这个故事讽刺蝙蝠的奸猾，借蝙蝠喻指那些狡猾奸诈的小人。

云南省景颇族也认为蝙蝠是阴险狡猾的象征。相传古时，太阳温度很高，地上的动物被烤得难以忍受，纷纷诅咒。太阳听了十分气愤，一怒之下飞到天外，从此宇宙一片黑暗。于是众动物聚集一起，商定筹些金银去请太阳出来。当鸟向蝙蝠筹款时，蝙蝠收起自己的翅膀，说自己不属鸟类而属鼠类，逃避捐款。当老鼠找到它时，它又拍拍自己的翅膀，说自己属鸟类不属鼠类，也不捐款，蝙蝠就这样连骗带赖地分文未捐。后来景颇族人便用"蝙蝠人"来比喻那些口是心非，当面一套，背后一套的人。

拿起你的放大镜

不过，因为蝙蝠的"蝠"字与"福"读音相同，古人常将蝙蝠视为"福"的象征。在古代的民间将画5只蝙蝠的绘画称为"五福临门"，象征吉祥和福瑞，预示着能给人们带来幸福。在许多留存古老的建筑、砖刻以及石刻中几乎处处可以见到蝙蝠的身影，表达了人们对美好幸福的渴望。

思维小故事

鞋印的证明

伦敦郊外有一所专门关押死刑犯的监狱。那里守卫森严，被押到那里的犯人一般都是最凶的歹徒。

这天，波洛来到监狱看望当监狱长的好朋友加森，当他经过阴森狭长的走廊时，忽然听到有人大声叫唤："放我出去！我是无辜的！我没有杀人！"

顺着声音，波洛发现一个相貌清秀的金发青年眼睛布满血丝，声音嘶哑，正拼命捶打着牢门。

"这是怎么回事？"波洛问道。

"吉恩，杀人犯！"加森简单地回答，"他杀了两名在森林公园里巡逻的警察，结果被捉住了。这样严重的罪行，当然将他判了死刑。"

波洛说道："可是他说他是无辜的。看上去他也不像杀人犯。"

加森笑了起来："我的大侦探，到这里的人有一半说自己是无辜的，有1/4的人看上去不像小说里的标准坏蛋。"

波洛还是觉得有点不对，因为到了死刑监狱还坚持声称自己是清

白的，其中一定有问题。他提出应该仔细核对一下吉恩的卷宗。加森拗不过，只好把吉恩的卷宗拿来。

根据卷宗的记载，3个月前森林公园里发生了一起惨案。在一个雨夜，两名巡警被人袭击。他们的尸体在第二天才被发现，当时已经天晴了。大雨清除了凶手留下的所有证据，警方在现场只找到一个陷在泥土里的鞋印。

警方立刻搜查了整个森林公园，在1平方千米以内，只有吉恩一个人声称自己是被大雨困住了。警方马上把吉恩的鞋子和取得的鞋印石膏模型做对比，发现完全吻合。

虽然这种款式的鞋子有很多人穿，但是大小完全相同又同时出现在犯罪现场的可能性非常小。因此，吉恩被逮捕，而法院判他死刑，再过一星期就要执行了。

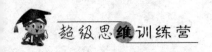
加森看完以后说道:"事情很清楚,现场只有他一个人,鞋印又完全吻合,他也没有不在场证据,这个案件没有什么疑问。"

波洛气愤地站起来说道:"恰恰相反,这些糊涂警察!难道他们没有一点科学常识吗?他们的关键证据——鞋印,其实只能证明吉恩是清白的!"

你是否也为波洛的结论感到惊讶?为什么鞋印其实能够证明吉恩的清白呢?

参考答案

天晴的时候,阳光直接照射到土壤,在让泥土变干的同时,也会让留在泥土上的鞋印收缩。一双 40 码的鞋印,大约会收缩半码。

因此,如果鞋印模型和吉恩的鞋子完全吻合的话,只能说明吉恩是清白的,凶手应该穿比吉恩大半码的鞋子。

吃鱼之谜

蝙蝠的食物以一些昆虫和小型鸟类为主,而有一种蝙蝠却是吃鱼的,那就是大族鼠耳蝠。

这是一种生活在我国北京市霞云岭乡蝙蝠洞的蝙蝠,是目前被证实的唯一一种能够捕鱼的蝙蝠,是我国特有的蝙蝠。

1936 年,为了探寻大族鼠耳蝠为什么能够捕食鱼,生活在中国福州的哈佛大学博物馆的馆长艾伦解剖了一只特别的蝙蝠标本。

当时,艾伦收集到的这只蝙蝠居然长着一对巨大的利爪,比其他蝙蝠的爪子足足大一倍,弯曲如钩、锋利无比。

见到蝙蝠的爪子这么大,艾伦给这种蝙蝠取名为"大足鼠耳蝠",

并且大胆推测这是一种罕见的会用双爪捕鱼的奇特蝙蝠。

这种推测来源于动物的进化原则：每一种动物身上的每一个特殊器官都必然会有与之相对应的独特功能。比如说宽大有力的翅膀，必然对应着强大的飞行能力。

接下来的一段时间内，艾伦开始了寻找这种蝙蝠吃鱼的直接证据之旅。

要想证实蝙蝠有没有吃鱼，最直接的方法就是解剖它们的肠道和胃部，看看里面有没有留下鱼的线索，尤其是鱼鳞和鱼骨。只是蝙蝠的标本只有一件，解剖工作必须谨慎进行，一旦失败就将再也没有第二次机会。

艾伦解剖后，从蝙蝠体内取出一些黏糊糊的物质，蝙蝠肠道内便空空如也了，找不到任何有用的线索。就在这时，蝙蝠的胃中隐约渗透出黑色的影子。

失望的艾伦再次燃起了希望：这会不会是鱼的残留物呢？

艾伦将这些残留物拿去化验，结果很快出来了：胃中的黑色物质全都是昆虫的残肢，一丁点儿与鱼有关的残留物都没有。

在这样的情况下，艾伦仍然坚持自己的推测，认为大足鼠耳蝠可能会吃鱼，他唯一的根据就是它们形同鱼钩的巨大爪子。

到了现在，大族鼠耳蝠已经被认定是唯一一种吃鱼的蝙蝠。假如你见到蝙蝠在捉鱼千万不要吃惊，那很可能就是大族鼠耳蝠。

拿起你的放大镜

附录　超级思维小测试

1．翻硬币

有 7 个硬币都正面朝上。现在要求你把它们全部翻成反面朝上。但每翻一次必须同时翻 5 个硬币。根据这条规则，你最终能把它们都翻成反面朝上吗？需要翻几次呢？

2．永远坐不到的地方

儿子和爸爸坐在屋中聊天。儿子突然对爸爸说："我可以坐到一个你永远坐不到的地方！"爸爸觉得这不可能，你认为可能吗？

3．猜明星的年龄

甲、乙、丙、丁 4 个人在议论一位明星的年龄。

甲说：她不会超过 25 岁。

乙说：她不超过 30 岁。

丙说：她绝对在 35 岁以上。

丁说：她的岁数在 40 岁以下。

实际上只有一个人说对了。

那么，下列正确的是（　　）。

A．甲说得对。

B．她的年龄在 40 岁以上。

C. 她的岁数在 35 ~ 40 岁之间。

D. 丁说得对。

4．猜年份

17 世纪中有这样一个年份：如果把这个年份倒过来看，仍然是一个年份，但是却比原来的年份多了 330 年。你能猜出这个年份是哪一年吗？

5．有几个天使

一个旅行者遇到了 3 个美女，他不知道哪个是天使，哪个是魔鬼。天使只说真话，魔鬼只说假话。

甲说：在乙和丙之间，至少有一个是天使。

乙说：在丙和甲之间，至少有一个是魔鬼。

丙说：我只说真话。

你能判断出有几个天使吗？

6．各自的体重

甲、乙、丙、丁 4 人特别注意各自的体重。一天，她们根据最近称量的结果说了以下的一些话：

甲：乙比丁轻；

乙：甲比丙重；

丙：我比丁重；

丁：丙比乙重。

很有趣的是，她们说的这些话中，只有一个人说的是真实的，而

这个人正是她们 4 个人中体重最轻的一个（4 个人的体重各不相同）。

请将甲、乙、丙、丁按个人的体重由轻到重排列。

7. 兔妈妈分食物

兔妈妈从超市里给 3 个孩子亲亲、宝宝、贝贝买来了它们喜欢的食物（胡萝卜、面包、薯片、芹菜）。每个兔宝宝喜欢吃的食物各不相同。请根据 3 位兔宝宝的发言，推断它们喜欢吃的食物分别是什么。每个兔宝宝的话都有一半是真话，一半是假话。

亲亲：宝宝最爱吃的不是芹菜。贝贝最爱吃的不是面包。

宝宝：亲亲最爱吃的不是面包。贝贝最爱吃的不是薯片。

贝贝：亲亲最爱吃的不是胡萝卜。宝宝最爱吃的不是薯片。

8. 两数之差

请大家在图中的 8 个圆圈里填上 1 ~ 8 这 8 个数字，规定由线段连着的两个相邻圆圈中的两数之差不能为 1。例如，顶上的圆圈填了 5，那么 4 与 6 就都不能放在第二行的某个圆圈内。

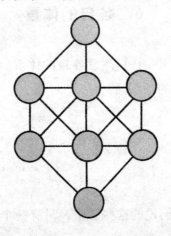

9. 哪桶是啤酒

一位酒商有 6 桶酒，容量分别为 30 升、32 升、36 升、38 升、40 升、62 升。其中 5 桶装着葡萄酒，1 桶装着啤酒。第一位顾客买走了 2 桶葡萄酒；第二位顾客所买的葡萄酒则是第一位顾客的 2 倍。请问，哪一个桶里装着啤酒？（酒是要整桶出售的）

10. 三个同学

某大学中，甲、乙、丙 3 人住同一间宿舍，他们的女朋友 A、B、C 也都是这所学校的学生。据知情人介绍说："A 的男朋友是乙的好朋友，并在 3 个男生中最年轻；丙的年龄比 C 的男朋友大。"依据这些信息，你能推出谁和谁是男女朋友吗？

11. 三张扑克牌

有 3 张扑克牌牌面朝下放成一排。已知其中：
有一张 Q 在一张 K 的右边。
有一张 Q 在一张 Q 的左边。
有一张黑桃在一张红心的左边。
有一张黑桃在一张黑桃的右边。
试确定这 3 张各是什么牌？

12. 成绩排名

期中考试结束后，公布成绩。小明不是第一名；小王不是第一

名，也不是最后一名；小芳在小明后面一名；小丽不是第二名；小刚在小丽后两名。那么，你知道这5人的名次各是多少吗？

13．谁寄的钱

某公司有人爱做善事，经常捐款捐物，而每次都只留公司名不留人名。一次该公司收到感谢信，要求找出此人。公司在查找过程中，听到以下6句话：

（1）这钱或者是赵风寄的，或者是孙海寄的；

（2）这钱如果不是王强寄的，就是张林寄的；

（3）这钱是李明寄的；

（4）这钱不是张林寄的；

（5）这钱肯定不是李明寄的；

（6）这钱不是赵风寄的，也不是孙海寄的。

事后证明，这6句话中有两句是假的，请根据以上条件，确定匿名捐款人。

14．盒子里的东西

在桌子上放着 A、B、C、D 四个盒子。每个盒子上都有一张纸条，分别写着一句话。

A 盒子上写着：所有的盒子里都有水果；

B 盒子上写着：本盒子里有香蕉；

C 盒子上写着：本盒子里没有梨；

D 盒子上写着：有些盒子里没有水果。

如果这里只有一句话是真的，你能断定哪个盒子里有水果吗？

15. 破解僵局

一个天使、一个人、一个魔鬼聚到了一起。已知，天使总说真话；人有时说真话，有时说假话；魔鬼总是说假话。下面是他们之间的对话，请判断一下各自的身份。

甲说：我不是天使。

乙说：我不是人。

丙说：我不是魔鬼。

16. 三子同行

把 18 枚棋子摆放在 6×6 的围棋盘上，每格只能放一枚，要使每列、每行都有 3 枚棋子。应该如何排列？

17. 巧装棋子

有 100 枚棋子，要求分别装入 12 个盒子中，并且使每个盒子里的棋子数字中必须有一个"3"。如何装？

18. 考试成绩

老师对 3 个学生说："你们在这次语文、数学、英语考试中，取

得了很好的成绩，并且你们 3 个各有一门成绩获得满分，你们能猜出来吗？"

甲想了想说：我语文考满分。

乙说：丙考满分的应该是数学。

丙说：我考满分的不是英语。

老师说：你们刚才的猜测中只有一个人是正确的，其实有一门成绩，你们 3 个人中，有两个人都是满分。

你能判断出这 3 名学生的哪一门成绩考了满分吗？

19. 上　课

甲、乙、丙、丁 4 个同学一起去同一幢教学楼上课。他们 4 人今天刚好分别上语文、英语、数学、物理 4 门课。而且这 4 门课正好分别是在同一幢教学楼的 4 层中同时进行的。已知：甲去了一层，语文课在四层；乙上英语课；丙去了二层；丁上的不是物理课。那么，你能判断他们分别在几层上什么课程吗？

20. 九宫之法

将 1~9 这 9 个数字排成 3 行，每行 3 个数字，使每行每列及两条对角线的 3 个数字相加的和都是 15。你能做到吗？

21. 四四图

把 1~16 这 16 个数字依次排成四行四列，使得每行每列和对角线 4 个数字的和都为 34。怎么排？

22. 小兔买帽子

小白兔、小黑兔、小花兔分别买了一顶帽子。帽子的颜色也分别是白色、黑色和花色的。回家的路上，一只小兔说："我最喜欢白色了，所以才买的白帽子！"说到这里，它好像发现了什么，惊喜地对同伴们说："今天我们可真有意思，白兔买的不是白帽子，黑兔买的不是黑帽子，花兔买的不是花帽子。"

小黑兔看了一圈说："真是这样的，你要是不说，我还真没注意呢！"

你能根据它们的对话，猜出小白兔、小黑兔和小花兔各买了什么颜色的帽子吗？

23. 筷子搭桥

3根竹筷3个碗，每两个碗之间的距离都略大于筷子的长度，三个碗之间怎样才能用筷子连起来？

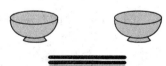

24. 逻辑比赛

电视台举行逻辑能力大赛，有5个小组进入了决赛（每组有两名成员）。决赛时，进行4项比赛，每项比赛各组分别出一名成员参赛，

拿起你的放大镜

第一项比赛的参赛者是吴、孙、赵、李、王，第二项比赛的参赛者是郑、孙、吴、李、周，第三项比赛的参赛者是赵、张、吴、钱、郑，第四项比赛的参赛者是周、吴、孙、张、王，另外，刘某因故4项均未参赛。

请问：谁和谁是同一个小组的？

25．集体照

去年冬天，皮皮和一些同学去哈尔滨看雪雕时照了一张合影。照片上，同学们分别戴着帽子、系着围巾和戴着手套。只系着围巾和只戴着手套的人数相等；只有4人没戴帽子；戴帽子并系围巾，但没有戴手套的有5人；只戴帽子的人数是只系围巾的人的两倍；没戴手套的有8人，没系围巾的有7人；三样都有的人比只戴帽子的人多1人。

现在考一考你：

（1）三样都戴的人有多少？

（2）只戴手套的人有多少？

（3）照片上有多少人？

（4）戴手套的有多少人？

26．彩旗的排列

路边插着一排彩旗，白色旗子和紫色旗子分别位于两端。红色旗子在黑色旗子的旁边，并且与蓝色旗子之间隔了两面旗子；黄色旗子在蓝色旗子旁边，并且与紫色旗子的距离比与白色旗子之间的距离更近；银色旗子在红色旗子旁边；绿色旗子与蓝色旗子之间隔着4面旗子；黑色旗子在绿色旗子旁边。

（1）银色旗子和红色旗子中，哪面旗子离紫色旗子较近？

（2）哪种颜色的旗子与白色旗子之间隔着两面旗子？

（3）哪种颜色的旗子在紫色旗子旁边？

（4）哪种颜色的旗子位于银色旗子和蓝色旗子之间？

27．车费最低

点点家住 A 村，他要到 B 村的奶奶家，乘车路线有多种选择，交通工具不同，所需要的车费也就不同。图中标出的数字是各段的车钱（单位：元）。点点到奶奶家最少要花多少元？走的路线怎样？

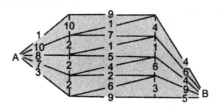

28．欧拉的问题

要求你一笔画出由黑线勾勒出的完整图样。

你能画出全部 11 幅图吗？如果不能，哪一幅图画不出？

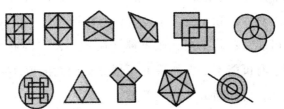

参考答案

1. 翻硬币

最优解为：
第一轮：1、2、3、4、5
第二轮：2、3、4、5、6
第三轮：2、3、4、5、7

2. 永远坐不到的地方

可能。爸爸永远都坐不到他自己的膝盖上。

3. 猜明星的年龄

选 B。此题可用排除法。4 人中只有一个人说对，若甲对，则乙、丙、丁都应不对，推知丁的说法也对，与假设矛盾，故 A 项排除；同理，乙也不可能对；若丁对，则不能排除甲、乙，因此 D 项可排除；若丙对，则丁有可能不对，如果 B 项成立，则丙的说法一定成立，符合题意。因此，可判断 B 为正确答案。

4. 猜年份

1661 年。倒过来是 1991 年。

5. 有几个天使

有两个天使。

假设甲是魔鬼的话，由此可推断她们几个都是魔鬼，那么，乙是魔鬼的同时又说了实话，存在矛盾，排除。所以甲是天使，而且乙和丙之间至少有一个也是天使。

假设乙是天使的话，从她的话来看，丙就是魔鬼。假设乙是魔鬼的话，从她的话来看，丙就是天使了。所以，无论怎样，都会有 2 个天使。

6. 各自的体重

甲、丙、乙、丁。

7. 兔妈妈分食物

假设"宝宝最爱吃的不是芹菜"为真，"贝贝最爱吃的不是面包"为假，则贝贝最爱吃的就是面包；那么，宝宝所说的"贝贝最爱吃的不是薯片"就成为了真话，而"亲亲最爱吃的不是面包"为假话，推出亲亲最爱吃的是面包。这样，贝贝和亲亲都最爱吃面包，产生矛盾，予以排除。所以得出："宝宝最爱吃的不是芹菜"为假话，即宝宝最爱吃的是芹菜。以下推理同上，即可得出它们分别喜欢吃的食物如下：

亲亲：胡萝卜。

宝宝：芹菜。

贝贝：薯片。

拿起你的放大镜

8. 两数之差

在 1~8 这 8 个数中，只有 1 与 8 各只有一个相邻数（分别是 2 与 7），其他 6 个数都各有两个相邻数。而下图中的 C 圆圈，它只与 H 不相连，因此如果 C 填上了 2~7 中任何一个，那么只有 H 这一个格子可以填进它的相邻数，这显然不可能，于是 C 内只能填 1（或 8）。同理，F 内只能填 8（或 1），A 只能填 7（或 2），H 只能填 2（或 7），再填其他 4 个数就方便了。

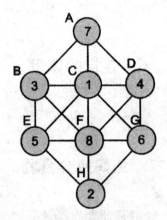

9. 哪桶是啤酒

40 升的桶装着啤酒。

第一个顾客买走了一桶 30 升和一桶 36 升，一共是 66 升的葡萄酒。第二个顾客买了 132 升的葡萄酒 32 升、38 升和 62 升的桶。这样，现在就只剩下 40 升的桶原封不动，因此，它肯定是装着啤酒。

10.　三个同学

因为 A 的男朋友是乙的好朋友，那么 A 的男朋友就应该是甲或者丙。但是丙的年龄比 C 的男朋友大，即丙不是最年轻的，所以 A 的男朋友是甲。丙不可能是 C 的男朋友，那丙就是 B 的男朋友。而乙是 C 的男朋友。

11.　三张扑克牌

黑桃 K、黑桃 Q、红桃 Q。

12.　成绩排名

小丽是第一名，小王是第二名，小刚是第三名，小明是第四名，小芳是第五名。

13.　谁寄的钱

假设是赵风或者孙海寄的→（2）、（3）、（6）都是错的，所以排除了赵和孙。

所以可以知道（1）肯定是错的，（3）和（5）有一个是错的，而只有 2 句是错的，所以（2）和（4）肯定是对的。所以这个人就是王强了。

14. 盒子里的东西

C 盒子里有梨。因为 A 盒子上的话和 D 盒子是矛盾的，所以一定有一个是真的。那么 B 盒子和 C 盒子上的话都是假的，所以能断定 C 盒子里有梨。

15. 破解僵局

因为丙说："我不是魔鬼。"所以丙就是魔鬼。甲说："我不是天使。"他只能是人。而乙是天使。所以甲是人，乙是天使，丙是魔鬼。

16. 三子同行

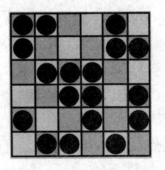

17. 巧装棋子

在第 1、2、3 三个盒子中各放入 13 枚棋子，第 4～11 个盒子中各放 3 枚棋子，第 12 个盒子中放入 37 枚棋子，这样刚好 100 枚棋子，每个盒子里的棋子数字中都有一个"3"。

18. 考试成绩

甲和乙考了满分的都是数学，丙考了满分的是语文。

19. 上课

甲在一层上数学课，乙在三层上英语课，丙在二层上物理课，丁在四层上语文课。

20. 九宫之法

2	9	4
7	5	3
6	1	8

有歌诀传世：九宫之义，法以灵龟，二四为肩，六八为足，左七右三，冠九履一，五居中央。延伸出去，还有四四图，五五图，以至百子图。

21. 四四图

把 1～16 按顺序排列在 4×4 方格里，先把四角对换，1 换 16，4 换 13，然后再把内四角对换，6 换 11，7 换 10。这样就得到了答案，你来试试看！

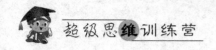
22. 小兔买帽子

根据它们的对话，买白帽子的不是黑兔就是花兔，而从她刚说完话、黑兔就接着说的情况看，第一个说话的，也就是买白帽子的一定是花兔。那么黑兔买的是花帽子，白兔买的是黑帽子。

23. 筷子搭桥

试一试，让3根筷子互相利用，翘起来就搭成一座桥把3个碗连起来了。a筷在c筷下，压着b筷；b筷在a下，压着c筷；c筷在b筷下，压着a筷。

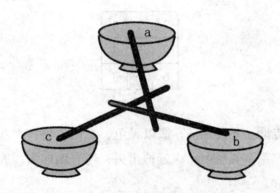

24. 逻辑比赛

刘、吴在同一小组；

李、张在同一小组；

王、郑在同一小组；

钱、孙在同一小组；

赵、周在同一小组。

25. 集体照

用 A 表示戴帽子，B 表示戴手套，C 表示系围巾，画一张图来分析三者的关系。

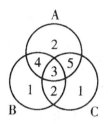

（1）3人；

（2）1人；

（3）18人；

（4）10人。

26. 彩旗的排列

顺序依次是：紫，蓝，黄，银，红，黑，绿，白。

（1）银色旗子离紫色旗子较近；

（2）红色旗子与白色旗子隔两面旗子；

（3）蓝色旗子在紫色旗子边上；

（4）黄色旗子在银色旗子与蓝色旗子之间。

27. 车费最低

所花车钱最少需要 13 元。走法：A 村、3 元、2 元、4 元、4 元、B 村。

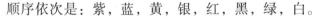

拿起你的放大镜

28. 欧拉的问题

当莱奥纳德·欧拉解决了哥尼斯堡七桥问题后，他发现了解决这类问题的普遍规则。秘密是计算到每个交点或节点的路径数目。如果超过两个节点有奇数条路径，那么该图形是无法一笔画出的。

在这个例子中，路径4和5是无法画出的。

如果正好有两个节点有奇数条路径，那么问题就有可能得到解决，也就是要以这两个节点分别为起点和终点。路径7便是这样的图。为了一笔画出它，你必须从底端的一角出发，并回到另一角。